Berichte aus dem
Institut für Umformtechnik
der Universität Stuttgart
Herausgeber: Prof. Dr.-Ing. K. Lange

94

W0262699

Willi Reiss

Untersuchung des Werkzeugbruches beim Voll-Vorwärts-Fließpressen

Mit 69 Abbildungen und 3 Tabellen

Springer-Verlag Berlin Heidelberg GmbH 1987

Additional material to this book can be downloaded from http://extras.springer.com

ISBN 978-3-540-18376-1   ISBN 978-3-642-83228-4 (eBook)
DOI 10.1007/978-3-642-83228-4

Die Umformtechnik zeichnet sich durch sehr gute Werkstoffaus-
wertung und hohe Mengenleistung in der Serienfertigung gegenüber anderen Fertigungsverfahren aus, wobei Beibehaltung der
Masse, Änderung der Festigkeitseigenschaften während eines Vor-
gangs und elastische Rückfederung der Werkstücke nach einem
Vorgang wesentliche Merkmale sind. Weiter sind die benötigten
Kräfte, Arbeiten und Leistungen sehr viel größer als z.B. bei
spanenden Verfahren. Die sichere Beherrschung eines Verfahrens
in der industriellen Fertigung und die zunehmende Forderung
nach Vermeidung bzw. Minimierung spanender Nacharbeit erzwingen
die geschlossene Betrachtung des Systems "Umformende Fertigung"
unter zentraler Berücksichtigung plastizitätstheoretischer,
werkstoffkundlicher und tribologischer Grundlagen.

Das Institut für Umformtechnik der Universität Stuttgart stellt
entsprechend Forschung und Entwicklung zum einen auf die Erar-
beitung von Grundlagenwissen in diesen Bereichen ab, zum anderen
untersucht und entwickelt es Verfahren unter Anwendung speziel-
ler Meßtechniken mit dem Ziel einer genauen quantitativen Ermittlung des Einflusses der Parameter von Vorgang, Werkstoff,
Werkzeug und Maschine. Die Behandlung von Problemen des Maschi-
nenverhaltens, der Maschinenkonstruktion sowie der Werkzeugauslegung und -beanspruchung, der Auswahl hochbeanspruchbarer,
verschleißfester Werkzeugbaustoffe und schließlich der Tribo-
logie gehört entsprechend ebenfalls zum Arbeitsgebiet, das
durch die Erfassung organisatorischer und betriebswirtschaft-
licher Fragen abgerundet wird.

Im Rahmen der "Berichte aus dem Institut für Umformtechnik" erscheinen in zwangloser Folge jährlich mehrere Bände, in denen
über einzelne Themen ausführlich berichtet wird. Dabei handelt
es sich vornehmlich um Abschlußberichte von Forschungsvorhaben,
Dissertationen, aber gelegentlich auch um andere Texte. Diese
Berichte sollen den in der Praxis stehenden Ingenieuren und
Wissenschaftlern zur Weiterbildung dienen und eine Hilfe bei
der Lösung umformtechnischer Aufgaben sein. Für die Studieren-

den bieten sie die Möglichkeit zur Vertiefung der Kenntnisse.
Die seit zwei Jahrzehnten bewährte freundschaftliche Zusammenarbeit mit dem Springer-Verlag sehe ich als beste Voraussetzung
für das Gelingen dieses Vorhabens an.

Kurt Lange

<u>V o r w o r t</u>

Die vorliegende Arbeit entstand während meiner Tätigkeit als wissenschaft-
licher Mitarbeiter am Institut für Umformtechnik der Universität Stuttgart.

Herrn Professor Dr.-Ing. Dr. h.c. Kurt Lange danke ich für sein Vertrauen
und die großzügige Unterstützung bei der Durchführung dieser Arbeit.

Herrn Professor Dr. rer.nat. Otmar Vöhringer bin ich für die eingehende
Durchsicht der Arbeit sowie für viele wertvolle Diskussionen und Anregungen
zu Dank verpflichtet.

Mein Dank gilt ferner Herrn Dr.-Ing. habil. K. Pöhlandt für die Betreuung
der Arbeit. Ebenso danke ich allen Mitarbeiterinnen und Mitarbeitern des
Institutes für Umformtechnik, die zum Gelingen dieser Arbeit beigetragen
haben.

Weiterhin möchte ich Herrn Dr.-Ing. G. Schröder für hilfreich unterstützen-
de Diskussionen danken, Herrn Dr. rer.nat. habil. C. Mattheck für die
Bruchmechanikanalyse der Werkzeuge, Herrn Dr.-Ing. W. Wünsch für die Hilfe
bei der Ultraschallprüfung und Herrn Dipl.-Ing. R. Bartels für die
Durchführung der Wärmebehandlungen. Besonderer Dank gilt auch Herrn
H. Opielka vom Max-Planck-Institut für Metallforschung in Stuttgart für
metallographische Untersuchungen und die Anfertigung zahlreicher REM-Aufnahmen.

Die Durchführung der Untersuchung wurde von der Forschungsgesellschaft
Stahlverformung e.V. mit Mitteln des Bundesministeriums für Wirtschaft über
die Arbeitsgemeinschaft Industrieller Forschungsvereinigungen (AIF) geför-
dert, wofür an dieser Stelle ebenfalls gedankt sei.

Aidlingen, Juli 1987

Willi Reiss

<u>Inhaltsverzeichnis</u>

Seite

<u>**Abkürzungsverzeichnis**</u>

<u>**Allgemeine Zeichen**</u>

A	Nm	Arbeit (Zeichen nicht nach DIN 1304)
a	mm	Rißtiefe
B	mm	Probendicke
C	mm/LW	Werkstoffkonstante
d	mm	Durchmesser
da/dN	mm/LW	Rißausbreitungsgeschwindigkeit
F	N	Kraft
f	mm	Durchbiegung
h	mm	Höhe
K	$N/mm^{3/2}$	Spannungsintensität
ΔK	$N/mm^{3/2}$	zyklische Spannungsintensität
ΔK_{th}	$N/mm^{3/2}$	Schwellenwert der zyklischen Spannungsintensität
k_f	N/mm^2	Fließspannung
N	-	Schwingspielzahl
n	-	Stückzahl, Verfestigungsexponent
n*	$mm^{5/2}/N \cdot LW$	Werkstoffkonstante
P	%	Wahrscheinlichkeit
p	N/mm^2	Druck
R	-	Spannungsverhältnis
R	mm	Radius
RA	Vol-%	Restaustenitgehalt
R_b	N/mm^2	Biegeelastizitätsgrenze
R_{bB}	N/mm^2	Biegefestigkeit
R_{dB}	N/mm^2	Druckfestigkeit
R_m	N/mm^2	Zugfestigkeit
$R_{b0,01}$	N/mm^2	0,01%-Biegegrenze
$R_{d0,2}$	N/mm^2	0,2%-Stauchgrenze
$R_{p0,2}$	N/mm^2	0,2%-Dehngrenze
R_t	µm	Rauhtiefe
R_{zDIN}	µm	gemittelte Rauhtiefe
W	mm	Probenbreite
$W_{1/z}$	µm	Verschleißbetrag

α	grd	Winkel
ε	-	Dehnung
ϑ	°C	Temperatur
σ	N/mm²	Nennspannung
σ_a	N/mm²	Spannungsausschlag
σ_1	N/mm²	Hauptnormalspannung
τ	N/mm²	Schubspannung
φ	-	Umformgrad

Indizes

A	Anlaß...
B	Bruch...
cr	kritisch...
d	Druck...
el	elastisch...
ges	Gesamt...
i	Innen...
m	Mittel...
max	maximal...
min	minimal...
o	Ober...
pl	plastisch...
r	Radial...
St	Stempel...
u	Unter...
z	Axial...
0	Ausgangs...
1	Anfangs...; End...
2	End...
I	Rißöffnungsart I
II	Rißöffnungsart II

Abkürzungen

CVD	Chemical Vapour Deposition
DCT	Disk-Shaped Compact Tension
GKZ	geglüht auf kugeligen Zementit

kfz	kubisch flächenzentriert
krz	kubisch raumzentriert
MK	Mischkristall
NRFP	Napf-Rückwärts-Fließpressen
PVD	Physical Vapour Deposition
REM	Rasterelektronenmikroskop
TiN	Titannitrid
VVFP	Voll-Vorwärts-Fließpressen

1 <u>EINLEITUNG</u>

Neben anderen Umformverfahren ist die Kaltmassivumformung ein Fertigungsverfahren, das zum Spanen konkurriert. Den Vorteilen moderner Kaltfließ-
preßtechnik - geringer Werkstoffverbrauch durch optimale Ausnutzung, hoher
Mengenleistung bei kurzen Stückzeiten, Werkstoffverfestigung durch das
Umformen und geringe Lohnkosten je Werkstück - stehen allerdings auch
Einschränkungen gegenüber. Vor allem sind die vergleichsweise hohen
Werkzeugkosten zu nennen, die in besonderem Maße die Wirtschaftlichkeit
des Verfahrens beeinträchtigen /1/. Daher wird ständig versucht, die
anteiligen Werkzeugkosten zu reduzieren. Diese betragen durchschnittlich
5 bis 15% der Werkstückkosten. Eine Verringerung der Werkzeugkosten ist im
Prinzip möglich durch Senkung der absoluten Werkzeugkosten oder eine
Erhöhung der Werkzeuglebensdauer /2, 3/. Durch letztere werden auch die
Folgekosten durch Stillstandszeiten erniedrigt, die bei Werkzeugausfällen
in kapitalintensiven Maschinen und Anlagen auf die Herstellkosten
durchschlagen. Versagensfälle am Werkzeug müssen vermieden bzw. kalkulierbar gemacht werden.

Die Forderung der modernen Produktionstechnik nach kalkulierbarer Werkzeuglebensdauer ist in der Massivumformung beim gegenwärtigen Stand der
Technik weit von der Realisierung entfernt, trotz der Entwicklungen auf
dem Gebiet der Arbeitsablaufüberwachung /4, 5, 6/. So sind starke Lebensdauerschwankungen (10:1 bis 100:1) in der betrieblichen Praxis keine
Seltenheit; die dadurch verursachten Störungen des Fertigungsflusses haben
eine geringe Fertigungssicherheit zur Folge /3/.

Beim Kaltfließpressen wird je nach Verfahren und Umformbedingungen die
Werkzeugstandmenge (Lebensdauer) durch den Verschleiß oder den Bruch von
Werkzeug-Aktivelementen bestimmt. Während aber der Verschleiß der Werkzeu-
ge bereits systematisch untersucht wurde /7, 8, 9/, liegen bezüglich des
Bruchverhaltens nur wenig fundierte Erkenntnisse vor. Die Ursachen der
Rißentstehung und -ausbreitung in Umformwerkzeugen wurden bisher nicht
untersucht, eine Standmengenvorhersage im Hinblick auf den Werkzeugbruch
ist somit im allgemeinen unmöglich.

Die systematische Betrachtung der Umformtechnik am Beispiel des Voll-
Vorwärts-Fließpressens (VVFP) nach Bild 1 zeigt, daß im Bereich der

Umformwerkzeuge ein unbefriedigender Kenntnisstand vorliegt. Innerhalb
dieser Betrachtung nehmen die Umformwerkzeuge eine zentrale Stellung ein.

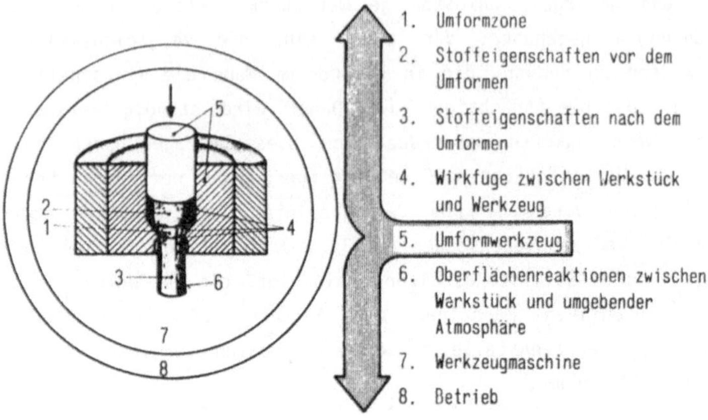

Bild 1: Stellung des Umformwerkzeuges im System der Umformtechnik am
Beispiel des VVFP (nach /10/).

Aus diesem Grund wurden in der vorliegenden Arbeit Werkzeuge zum VVFP
untersucht, um ein besseres Verständnis der Bedingungen die zum Bruch
führen, zu gewinnen. Über verschiedene Wärmebehandlungen an Werkzeugen und
Laborproben aus einem typischen Werkzeugstahl wurden die mechanischen
Eigenschaften variiert. Mit den Werkzeugen wurden Standmengenuntersu-
chungen unter Fertigungsbedingungen bis zum Bruch durchgeführt. Von
schwerpunktmäßigem Interesse ist dabei das Bruchverhalten in Abhängigkeit
von den über die Wärmebehandlung eingestellten Werkstoffeigenschaften. Zu
deren Erfassung wurden Laborversuche an Proben durchgeführt und die
Ergebnisse mit denen der Lebensdauerversuche aus dem betriebsnahen
Modellversuch VVFP verknüpft.

Mit den Erkenntnissen zum Bruchverhalten von VVFP-Werkzeugen sollen der
Entwicklung, Konstruktion, Fertigung und den wärmebehandelnden Betrieben
Hinweise gegeben werden, wie die Lebensdauer abschätzbar gemacht werden
kann. Unter diesen Voraussetzungen lassen sich zukünftig die Standmengen
erhöhen, die Stillstandszeiten der Anlagen und Störungen des Fertigungsflusses verringern, teure Werkzeugstähle einsparen und somit die Kosten

insgesamt reduzieren. Der Aspekt der Wirtschaftlichkeit wird mit dem Gedanken der Betriebssicherheit in quantitativer Weise verbunden.

2 STAND DER KENNTNISSE

2.1 VERSAGEN VON WERKZEUGEN BEIM VOLL-VORWÄRTS-FLIESSPRESSEN (GRUNDLAGEN)

Das Umformverfahren Fließpressen gehört innerhalb DIN 8583 "Fertigungsverfahren Druckumformen" zur Untergruppe Durchdrücken /11/. Dabei wird ein
zwischen gehärteten Werkzeugteilen aufgenommener Werkstoffabschnitt durch
eine düsenförmige Öffnung gedrückt, vornehmlich zur Erzielung einzelner
Werkstücke. Bild 2 zeigt den grundsätzlichen Werkzeugaufbau zum VVFP.

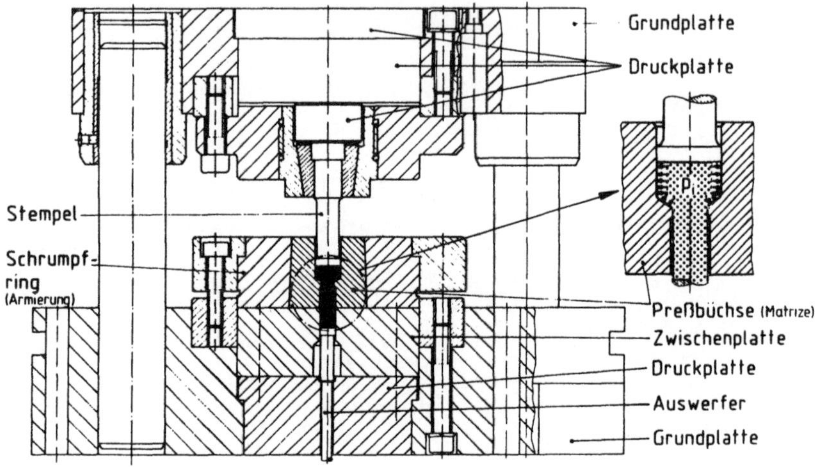

Bild 2: Grundsätzlicher Aufbau eines Werkzeuges zum VVFP.

Verantwortlich für die beim VVFP vor allem bei den Preßbüchsen auftretenden Werkzeugprobleme /2/ sind nach /12/ und /13/ das Bruch- und
Verschleißverhalten der Werkzeuge bestimmende vielfältige Faktoren, die
sich in komplexer Weise überlagern. Dabei sind werkstück- und werkzeugsei-
tige Einflüsse zu unterscheiden, die in ihrem Zusammenwirken die
Standmenge bestimmen (Bild 3); gemeinsamer Ansatzpunkt ist die Wirkfuge
zwischen Werkzeug und Werkstück.

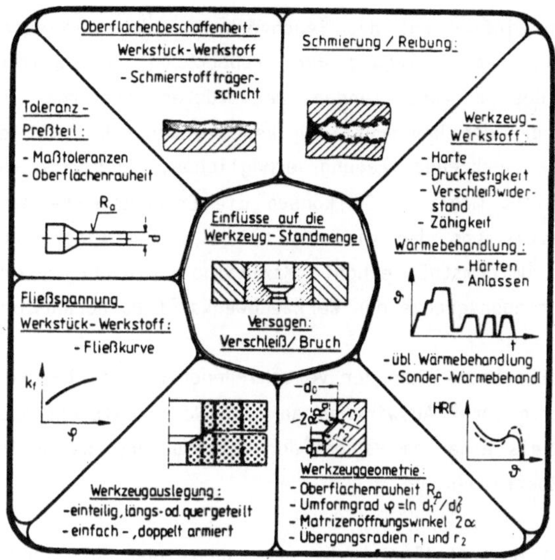

Bild 3: Einflüsse auf die Werkzeuglebensdauer beim VVFP (nach /12/ und /13/).

Vom Werkstück her üben die Fließspannung, die zulässigen Toleranzen am Preßteil und die Oberflächenbeschaffenheit des Rohteiles einen Einfluß aus. Die Fließspannung des Werkstückwerkstoffes legt die Innendruckbelastung bei gegebener Werkzeuggeometrie fest und beeinflußt direkt sowohl den Werkzeugbruch als auch den Werkzeugverschleiß. Die Toleranz und die Oberflächenbeschaffenheit am Preßteil werden vom Werkzeug rückwirkend über den Verschleiß bestimmt. Das Verschleißverhalten der Preßbüchse wiederum wird beeinflußt durch die Reibungsverhältnisse in der Wirkfuge, die sich aus dem tribologischen System Werkstück - Schmierstoff - Werkzeug ergeben. Die Systemeigenschaften sind festgelegt durch die Schmierstoffbeschaffenheit, die Oberflächen von Rohteil und Werkzeug, dessen Härte, den Innendruck und die Relativbewegung zwischen Werkzeug und Werkstück.

Werkzeugseitig sind wesentliche Einflüsse auf die Standmenge der Werkzeugwerkstoff und seine Wärmebehandlung, die Werkzeuggeometrie und die Werkzeugauslegung (Armierung). Die Eigenschaften des Werkzeugwerkstoffes haben sowohl auf den Bruch als auch auf den Verschleiß einen direkten Einfluß und hängen von der Wärmebehandlung ab.

Den stärksten Einfluß auf das Bruchverhalten der Werkzeuge zum VVFP hat die Gestaltung und Auslegung der Preßbüchsen, die weitgehend von der Außenkontur des herzustellenden Werkstückes bestimmt wird /14/. Die Berücksichtigung der konstruktiven Regeln nach /15/ soll eine beanspruchungsgerechte Werkzeugauslegung ermöglichen, doch ist dies in realen Fällen oft nicht möglich. So können die Erfordernisse der vorgegebenen Werkzeuggeometrie und der wirtschaftliche Zwang einer möglichst großen Umformung pro Umformstufe erhöhte Maximalbeanspruchungen zur Folge haben, die an die Versagensgrenze des Werkzeugwerkstoffes heranreichen /16, 17/.

Das komplexe Zusammenwirken der verschiedenen werkstück- und werzeugabhängigen Größen in ihrer Auswirkung auf die Werkzeuglebensdauer zeigte sich auch im Ergebnis einer im Rahmen der Untersuchung durchgeführten Umfrage bei Fließpreßbetrieben.

Bei einfachen Massenteilen (z.B. Schrauben- und Mutternherstellung) ist die Hauptausfallursache der Werkzeuge zu ungefähr 80% der Verschleiß; die restlichen 20% entfallen zum Großteil auf den Bruch. Bei Werkzeugen für schwierige Umformaufgaben tritt überwiegend Versagen durch Bruch auf (bis zu 100%). Dieses Ergebnis wird bestätigt durch eine ABC-Analyse zur systematischen Erfassung des Werkzeugverbrauchs in einem Industrieunternehmen /2/. Hier zeigt sich der unbefriedigende Kenntnisstand im Hinblick auf die Versagensfälle Verschleiß und Bruch.

Bereits 1959 beschreibt Sieber /17/ die bei Werkzeugen zum VVFP auftretenden Ermüdungs- und Überlastbrüche, ihre Ursachen und konstruktive Maßnahmen zur Erhöhung der Bruchsicherheit. Trotz der bekannten Problematik konnten aber seither die starken Lebensdauerschwankungen in der Praxis nicht eingeengt werden. Von einer Vorhersage der Standmenge und der damit verbundenen erhöhten Fertigungssicherheit ist man gegenwärtig noch weit entfernt /3/. Dies gilt, obwohl aus Beanspruchungsanalysen mit der Finite-Element-Methode die Auswirkungen von Änderungen der Werkzeugstruktur beim VVFP auf die Werkzeugbelastung bekannt sind /18/. Wegen des angenommenen linearelastischen Werkstoffmodelles ergeben sich dabei unrealistisch hohe Spannungswerte. Diese Spannungswerte sind jedoch qualitativ auf die Werkzeuge übertragbar. Neitzert /19/ verwendete deshalb für seine Variationsrechnungen elastisch-plastische Grundgleichungen. Aus seinen Parameterstudien ist der Einfluß wesentlicher Geometrieänderungen

(Schulteröffnungswinkel, Einlaufradien, Querschnittsabnahme) auf die Spannungsverläufe bekannt. Sie dürften trotz des zu hoch erscheinenden angenommenen hydrostatischen Innendruckes (p_i = 1800 N/mm^2) gegenwärtig der Realität am nächsten kommen.

Neben dem beanspruchungsgerechten Auslegen der Werkzeuge mit Hilfe numerischer Berechnungsverfahren ist die Kenntnis zulässiger Werkstoffkennwerte eine Voraussetzung für die Konstruktion bruchsicherer Werkzeuge. Für harte Werkzeugstähle bestehen in dieser Hinsicht nach wie vor große Lücken /14, 20/. Dies ist mit ein Grund für die zunehmende Beurteilung von Werkzeugstählen und deren Eigenschaften (in Abhängigkeit von der Wärmebehandlung) anhand bruchmechanischer Kriterien /21,22,23,24/. Ziel ist daher die Optimierung der Wärmebehandlung entsprechend den Anforderungen. Da die Wärmebehandlungskosten an den gesamten Werkzeugkosten anteilig nur 5 bis 10% betragen /25/, erscheint das Ausnutzen des gefügebedingten Potentials der Werkzeugstähle besonders wirtschaftlich. Voraussetzung dafür ist eine richtig durchgeführte Wärmebehandlung; nach /26/ werden ungefähr 40%(!) aller Werkzeugausfälle durch Fehler bei der Wärmebehandlung verursacht.

Um zu einem besseren Verständnis der Ursachen für die Rißentstehung und -ausbreitung zu kommen, ist es wegen der Komplexität der Zusammenhänge notwendig, Beanspruchungsanalysen, betriebsnahe Versuche und werkstoffseitige Grundlagen miteinander zu verknüpfen. Diese Schwerpunkte umfaßt eine Arbeit von Wüthrich und Schröder /27/ zur Untersuchung der Gesenklebensdauer beim Schmieden von Aluminium. Die Ergebnisse ermöglichen eine Abschätzung der Werkzeuglebensdauer und die Festlegung optimierter Wärmebehandlungsbedingungen für den Warmarbeitsstahl X 40 CrMoV 5 1.

Systematische Untersuchungen des Einflusses der Eigenschaften des Werkzeugstahles auf das Werkzeugversagen beim Kaltfließpressen sind aus der Literatur bisher nicht bekannt.

Die bei VVFP-Werkzeugen auftretenden Versagensmechanismen sind in Bild 4 schematisch dargestellt. Beim Bruch treten zwei Erscheinungsformen auf, der Längs- und der Querbruch. Nachfolgend wird auf die Versagensfälle und ihre Ursachen nach dem heutigen Kenntnisstand eingegangen.

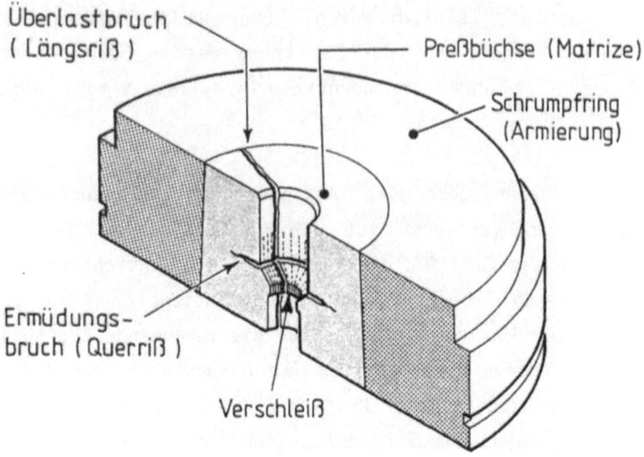

Bild 4: Schematische Darstellung der Werkzeugschäden beim VVFP.

2.1.1 **Werkzeugversagen durch Bruch**

2.1.1.1 **Gewaltbruch**

Längsrisse in der Preßbüchse (Bild 4) treten bei einer Überbeanspruchung durch den radial wirkenden Innendruck auf, bzw. bei einer ungenügenden radialen Druckvorspannung der Preßbüchse durch den Armierungsring /15, 17/. Daraus resultieren hohe tangentiale Zugspannungen in der Preßbüchse, und es kommt - ausgehend von einem vorhandenen Defekt (Mikroriß, Kerbe) - zum Gewaltbruch.

Die zu geringe Druckvorspannung der Preßbüchse kann ihre Ursache im nicht eingehaltenen Haftmaß des Fügeverbandes, in einer zu geringen Festigkeit der Armierung oder in konstruktiven Mängeln haben /15/. Ein zu hoher Innendruck kann durch unzulässig hohe Umformgrade bzw. mangelhaft geglühte Rohteile verursacht werden.

Bei "optimaler" Auslegung des Schrumpfverbandes, z.B. nach dem Verfahren von Adler und Walter /28/ bzw. den Nomogrammen von Krämer in /29/ dürften praktisch keine Gewaltbrüche auftreten. Ist dies trotzdem der Fall, so sind die Schäden auf nicht kalkulierbare Gegebenheiten beim Fließpressen zurückzuführen (unzulässige Maschinenbedienung, falsch oder doppelt einge- legte Rohteile).

Eine bruchmechanische Bewertung dieses Versagensfalles entspricht dem Erreichen bzw. Überschreiten der werkstoffspezifischen Rißzähigkeit durch den Spannungsintensitätsfaktor /30,31,32/ (siehe auch Abschnitt 4.3.5.1).

2.1.1.2 <u>Ermüdungsbruch</u>

Der beim VVFP auftretende Ermüdungsbruch ist die Folge eines tangential um die Matrize laufenden Querrisses, der sich mit zunehmender Werkstückzahl radial ausbreitet (Bild 4). Dieser Versagensfall wird durch die konstruktionsbedingte Querrißempfindlichkeit der Preßbüchsen begünstigt /2,16,17/. An der Übergangsstelle von der zylindrischen Rohteilaufnahme zur kegeligen Fließpreßschulter tritt wegen der Kerbwirkung eine Spannungskonzentration auf. Große Schulteröffnungswinkel, kleine Übergangsradien und große Querschnittsabnahmen führen zu erhöhten Spannungsspitzen. Aus den numerischen Beanspruchungsanalysen in /18/ und /19/ ist bekannt, daß die axiale Komponente der Innendruckbelastung unmittelbar am Düseneintritt eine große axiale Zugspannungsspitze und ein Maximum der Schubspannung (mit positivem Vorzeichen) verursacht. Diese Spannungskomponenten an der kritischen Übergangsstelle sind für das Ermüdungsrißwachstum verantwortlich.

In der Praxis wird konstruktiv auf eine Verbesserung der Werkzeuglebensdauer durch das Herabsetzen der Spannungsspitzen hingearbeitet. Günstig wirken sich größere Übergangsradien, kleine Schulteröffnungswinkel und kleinere Querschnittsabnahmen aus. Müssen die geometrischen Werkstückvorgaben eingehalten werden, so bietet sich das Längs- bzw. Querteilen der Werkzeuge zusammen mit einer axialen Druckvorspannung an. In allen Fällen ist eine möglichst riefenfreie Werkzeugoberfläche nach dem Schleifen anzustreben /18/.

Zur Beurteilung des Ermüdungsrißwachstums werden in der Bruchmechanik Rißwachstumskurven experimentell ermittelt mit dem Ziel, die Ausbreitungsgeschwindigkeit eines Risses bei wechselnder Beanspruchung zu bestimmen /33, 34/. Mit ihrer Hilfe läßt sich das Werkstoffverhalten beschreiben, wobei ein Riß ausgehend von einem Fehler wächst und schließlich zum Versagen führt (siehe auch Abschnitt 4.3.5.2). Eine Anwendung dieser Methodik auf Umformwerkzeuge ist bisher nur in einem Fall zur Lebensdauerabschätzung für ein Warmschmiedegesenk bekannt /27, 30/.

2.1.2 <u>Werkzeugversagen durch Verschleiß</u>

Beim Verschleiß handelt es sich nach DIN 50320 /35/ um einen fortschreitenden Werkstoffverlust aus der Oberfläche eines festen Körpers, hervorgerufen durch mechanische Ursachen, d.h. Kontakt und Relativbewegung eines festen, flüssigen oder gasförmigen Gegenkörpers.

Beim VVFP wird der Verschleiß der Preßbüchsen durch die Relativbewegung zwischen Werkzeug und Werkstück unter Druck verursacht. Besonders stark beansprucht ist die Kalibrierstrecke mit dem Durchmesser, der den Schaftdurchmesser des Werkstückes festlegt. Der Verschleiß wirkt sich am Fließpreßteil in Form von Oberflächenschäden (Riefenbildung, blanke Zonen) und Maßänderungen aus /15, 36/ und begrenzt so die Werkzeugstandmenge (Bild 3).

Das Verschleißbild am Werkzeug und Werkstück wird bestimmt durch die Verschleißmechanismen im Tribosystem, wobei der Verschleiß als Systemeigenschaft vom Reibungszustand in der Wirkfuge abhängt /36/. Dieser ändert sich mit dem Vorgangsablauf. Zu Beginn ist die Schmierfilmdicke am größten; mit zunehmender Umformung und der damit verbundenen Oberflächenvergrößerung nimmt sie ab. Die Mischreibung kann in Grenzreibung und im ungünstigsten Fall in Festkörperreibung übergehen /37, 38, 39/. Bei diesen Schmierungszuständen wird die Werkzeugoberfläche durch eine Kombination folgender Verschleißmechanismen beansprucht: Abrasion, Adhäsion, Ermüdung und tribochemische Reaktionen /39/.

Nach /8/ überwiegen in der Kaltmassivumformung Adhäsion und Abrasion, die in Kombination eine Furchung der Werkzeugoberfläche verursachen. Dabei verschweißen Werkstoffpartikel des Werkstückwerkstoffes infolge Adhäsion mit der Werkzeugoberfläche ("Fressen", "Kaltverschweißen"). Wegen der hohen Schubspannungen in der Wirkfuge werden diese hochverfestigten Werkstoffverschweißungen bei weiterer Umformung bzw. beim Pressen weiterer Werkstücke wieder abgelöst und verschleißen die Werkzeugoberfläche abrasiv. Die im Vergleich zu den Karbiden weichere Grundmatrix wird gefurcht und beeinflußt ihrerseits die Oberflächenqualität und Maßhaltigkeit der Fließpreßteile negativ.

Während hinsichtlich des Werkzeugbruchs bisher keine systematischen Untersuchungen durchgeführt wurden, wurde das Verschleißverhalten der Werkzeug-Aktivelemente in der Kalt- und Halbwarmumformung beim Stauchen und Napf-Rückwärts-Fließpressen (NRFP) in praxisnahen Simulationsversuchen erfaßt /7, 8/. Aufbauend auf diesen Grundlagen untersuchte Westheide /9/ den Einfluß verschiedener Beschichtungsverfahren. Beim NRFP ergaben vanadierte und PVD-TIN beschichtete Stempel die größten Standzeiten.

Berns /40, 41,42/ und Hutterer /43/ untersuchten die Möglichkeit, das Verschleißverhalten von Werkzeugstählen für die Kaltmassivumformung über die Wärmebehandlung gezielt zu beeinflussen. Sie verwandten zur Verschleißprüfung allerdings Modellversuche, deren Ergebnisse wegen der Komplexität des Tribosystems "Umformvorgang" nicht ohne weiteres auf reale Verfahren übertragbar sind /9/.

2.2 PRÜFVERFAHREN ZUR BEURTEILUNG UND AUSWAHL VON GEHÄRTETEN WERKZEUGSTÄHLEN

Der Kenntnisstand über den Einfluß der Wärmebehandlung von Werkzeugstählen auf das Versagen durch Bruch läßt sich wie folgt zusammenfassen:

Das mechanische Verhalten der für Kaltfließpreßwerkzeuge eingesetzten unterschiedlich wärmebehandelten Stähle wurde bisher umfassend untersucht /21 bis 24, 40 bis 46/. Wesentliche Schwerpunkte bilden metallkundliche Gefügeuntersuchungen, die in Verbindung mit entsprechenden mechanischen Größen die Grundlage für eine Steigerung der Werkzeugleistungen bilden. Damit lassen sich kritische Gefügezustände und Eigenschaften klären, die eine Minderung der Werkzeuglebensdauer zur Folge haben. Andererseits zeigt der erwähnte unbefriedigende Stand der Technik beim Werkzeugbruch in Verbindung mit der Vielzahl von Veröffentlichungen zum Einfluß der Wärmebehandlung auf mechanische Eigenschaften, daß ungelöste Probleme vorliegen.

Als Maß zur Beurteilung mechanischer Werkstoffeigenschaften von Werkzeugstählen dient dem Praktiker die leicht zu ermittelnde Härte /47, 48/. Eine bessere Werkstoffkennzeichnung ist durch aufwendigere Prüfverfahren möglich, z.B. durch Druck-, Zug-, Biege- und Verdrehversuche, Schlagbiege- und Schlagverdrehversuche /49/, sowie Bruchmechanikversuche /22, 50/. Ziel dieser Laborversuche ist die Ermittlung mechanischer Eigenschaften gehärteter Werkzeugstähle, insbesondere ihrer Zähigkeit. Ein Vergleich verschiedener Definitionen der Zähigkeit zeigt, daß trotz unterschiedlicher Auslegung des Begriffes immer die Bauteilsicherheit gegen Bruch assoziiert wird /21, 24, 26/. So versteht /52/ unter Zähigkeit das Gesamtformänderungsvermögen bei gegebener Festigkeit, /53/ den Widerstand gegen stabile (Ermüdung) und instabile (Gewaltbruch) Rißausbreitung.

An harten Stählen mit ihrer geringen Verformungsfähigkeit können vorstehend genannte Versuche teilweise nicht oder nur mit großem Aufwand durchgeführt werden. Kleine Unzulänglichkeiten in der Versuchsdurchführung und Probenvorbereitung führen zu falschen bzw. stark streuenden Ergebnissen. So scheiden bei den üblicherweise zur Verfügung stehenden Einspannvorrichtungen Zugversuche aus /23,49,50,51,54,55,56 /. Der ungünstige Spannungszustand und die nicht biegemomentenfreie Lasteinleitung begünstigen vorzeitige Sprödbrüche. Die Beanspruchungs-Verformungs-Kennlinie kann nicht vollständig aufgenommen werden: Die Werte werden verfälscht, das Auflösungsvermögen ist gering. Aus dem letztgenannten Grund können auch die üblicherweise in der Werkstoffprüfung eingesetzten Kerbschlagbiegeversuche zur Zähigkeitsermittlung bei gehärteten Werkzeugstählen nicht angewendet werden /50,55,57/.

Die von Bungardt und Mitarbeitern /51/ durchgeführten Zähigkeitsuntersuchungen an Werkzeugstählen hoher Härte mit dem Schlagverdrehversuch (bzw. die Prüfung mit ungekerbten Schlagbiegeproben) vermeiden diese Nachteile, erfordern jedoch einigen Fertigungs- und Versuchsaufwand. Für statistisch abgesicherte Ergebnisse werden 30 bis 40 Parallelproben benötigt.

Eine brauchbare Werkstoffbeurteilung gehärteter Werkzeugstähle bei vertretbarem Aufwand erlauben quasistatische Biege- und Verdrehversuche /47 bis 52, 54,57/. Für abgesicherte Ergebnisse sind nach /54/ 6 bis 10 Parallelproben zu prüfen. Sowohl die Biege- als auch die Verdrehversuche bieten eine ausreichende Differenzierung der wenig verformungsfähigen, harten Werkzeugstähle hinsichtlich ihrer Zähigkeit. Der Vorteil der quasistatischen Biegeprüfung ist in der einfachen Probenform (Rund- oder Vierkantstäbe) und den geringen Ansprüchen an die Prüfeinrichtung zu sehen. Aus diesem Grund werden gehärtete Werkzeugstähle überwiegend in

Biegeversuchen (Drei- oder Vierpunktbiegung) geprüft. Auch Druckversuche bieten die Vorteile ausreichender Unterscheidungsmöglichkeit in Abhängigkeit von Wärmebehandlung und Legierungsaufbau, bei geringer Streuung und einfacher Probenherstellung. Sie werden jedoch nur vereinzelt zur Prüfung gehärteter Stähle herangezogen /58, 59/. Ein Grund dafür ist nach /58/ das explosionsartige Zerlegen der Proben beim Erreichen der Druckfestigkeit, wobei die Stauchbahnen beschädigt werden.

Ein gemeinsamer Nachteil aller Prüfverfahren ist die Tatsache, daß eine Austauschbarkeit mechanischer Kennwerte harter Stähle aus verschiedenen Prüfverfahren - von der Elastizitätsgrenze abgesehen - bisher nicht möglich ist /55, 60/. Das Zähigkeitsverhalten ergibt sich je nach Beanspruchungszustand und ist nicht ohne weiteres auf Werkzeuge übertragbar. Die Aussagen sind nicht allgemeingültig und geben über die Verformungsfähigkeit nur unter den jeweiligen Spannungszuständen Auskunft. Für den Praktiker gilt zu beachten, daß entgegen der häufig üblichen Interpretation eine genaue Zuordnung von Härte- und Festigkeitswerten nur in Ausnahmefällen möglich ist /47 bis 51, 54,55,59,60/. Die Härte allein ist demnach zur Beschreibung eines Werkstoffzustandes ohne Angabe der Wärmebehandlung und Einbeziehung weiterer mechanischer Kennwerte für die Stahlauswahl nicht geeignet /43/.

Zur Kennzeichnung der Beanspruchbarkeit und Zähigkeit von harten Stählen werden (wie in Abschnitt 2.1 angedeutet) zunehmend bruchmechanische Methoden angewendet /21 bis 24/. Sie liefern eine werkstoffphysikalisch fundierte Charakterisierung des Zähigkeitsverhaltens mit der auf gehärtete Werkzeugstähle anwendbaren linearelastischen Bruchmechanik (siehe auch Abschnitt 4.3.5.1). Der Vorzug der Rißzähigkeit gegenüber anderen Zähigkeitskenngrößen besteht darin, daß eine Einbeziehung in eine Bauteilrechnung möglich ist. Als Werkstoffkennwert ist die Rißzähigkeit ein Maß für den Widerstand gegen einen makroskopisch verformungslosen Sprödbruch /33, 34/, wie er in Umformwerkzeugen als Gewaltbruch bei Überlastung auftritt (siehe Abschnitt 2.1.1). Diese Kenngröße differenziert wegen der Empfindlichkeit gegenüber mikrostrukturellen Veränderungen im Werkstoff das Zähigkeitsverhalten besser als Biegeversuche /61/. Aus diesem Grund verwandte Blumenauer /53/ in einer Untersuchung die Rißzähigkeit zusammen mit der Härte als Auswahlkriterium für optimierte Wärmebehandlungsbedingungen des ledeburitischen Chrom-Kaltarbeitsstahles 210 Cr 46. Je nach Anforderung (Bruchsicherheit, Maßbeständigkeit, Verschleißwiderstand) an das Werkzeug können Hinweise auf optimale Wärmebehandlungsbedingungen gegeben werden.

Wenig untersucht wurden harte Werkzeugstähle bisher im Hinblick auf ihr Ermüdungs- und Rißausbreitungsverhalten. Gerade diese Eigenschaften sind aber neben der Zähigkeit hinsichtlich der Werkzeuglebensdauer von entscheidender Bedeutung, da Ermüdungsbrüche die Hauptausfallursache der Werkzeuge sind (siehe Abschnitt 2.1). Da mit Umlaufbiegeproben zwar das Ermüdungsverhalten im Zeitfestigkeitsgebiet untersucht werden kann /62/, aber nicht die stabile Rißausbreitung, bietet sich die Aufnahme von Rißwachstumskurven an /63/. Im Hinblick auf das Rißwachstumsverhalten von Werkzeugstählen liegen bisher praktisch keine systematischen Untersuchungen vor.

3 <u>ZIELSETZUNG DER ARBEIT</u>

Die Arbeit umfaßt zwei Schwerpunkte, die miteinander gekoppelt werden müssen, um das Bruchverhalten von VVFP-Werkzeugen zu verstehen (Bild 5). Dieses Verständnis bildet die Grundlage für die Herstellung besserer Werkzeuge durch eine optimierte Wärmebehandlung.

Die Wärmebehandlung des gewählten Werkzeugstahles als Basis der Untersuchung wurde anhand genauer Daten aus einer entsprechenden Voruntersuchung durchgeführt. Sie war notwendig im Hinblick auf reproduzierbare Werkstoffeigenschaften der Werkzeuge und Proben, da die Literaturangaben variieren. Die optimalen Härte- und Anlaßtemperaturen ergeben sich je nach Charge und Werkstoffzusammensetzung und können nicht ohne weiteres übertragen werden.

Den ersten Schwerpunkt bilden Laborversuche an einfachen Proben. Mit ihnen soll der Einfluß ausgewählter Wärmebehandlungen des zum Kaltfließpressen eingesetzten Werkzeugstahles auf mechanische Werkstoffeigenschaften untersucht werden. Neben Gefügeanalysen und den in der Praxis üblichen Rockwell-Härtemessungen sind quasistatische Biege- und Druckversuche durchzuführen. Deren Beanspruchungszustände kommen denen realer Fließpreßwerkzeuge nahe /64, 65/. Das Ermüdungsverhalten und die Rißeinleitung in Abhängigkeit von der Oberflächenbeschaffenheit werden in Umlaufbiegeversuchen ermittelt. Charakteristische Größen für ein verbessertes Verständnis des Bruchverhaltens sind die Rißzähigkeit und die Rißausbreitungsgeschwindigkeit; diese werden in Bruchmechanikversuchen bestimmt.

In einem zweiten Schwerpunkt soll in Standmengenversuchen der Einfluß der Wärmebehandlung auf den Werkzeugbruch beim VVFP untersucht werden. Dabei wird die Werkzeuglebensdauer, d.h. die Stückzahl gefertigter Fließpreßteile bis zum vollständigen Versagen durch Ermüdungsbruch, ermittelt. Die Ursachen der Rißeinleitung und die Mechanismen der Rißausbreitung sollen mit Rasterelektronenmikroskop-(REM-)Aufnahmen beurteilt werden.

Diese aufwendige Vorgehensweise ist notwendig, da die Übertragbarkeit von Ergebnissen aus Untersuchungen an einfachen Proben auf reale Bauteile problematisch ist: Der Werkzeugbruch ist als Systemeigenschaft eine Folge des komplexen Zusammenwirkens vielfältiger Einflüsse (Bild 3). Die Übertragbarkeit der Ergebnisse auf die Verhältnisse in der Praxis fordert daher fertigungsnahe Simulationsversuche. Den offensichtlichen Vorteilen dieses am Institut für Umformtechnik der Universität Stuttgart seit Jahren beschrittenen Weges steht als Nachteil der große Versuchs-, Zeit- und Kostenaufwand gegenüber.

Den abschließenden Teil der Arbeit bildet die Kopplung zwischen den beiden Untersuchungsschwerpunkten Labor- und Standmengenversuchen. Dies geschieht mit dem Ziel einer Lebensdauerabschätzung für die untersuchte Werkzeugkonstruktion aus den an Proben ermittelten Eigenschaften des Werkzeugstahles. Damit wäre auch eine Aussage über eine zweckmäßige Wärmebehandlung im Hinblick auf die Werkzeuglebensdauer (Standmenge) möglich. Die so ermöglichten Verbesserungen ersparen die herkömmlichen, langwierigen und kostspieligen Betriebserfahrungen und führen zu einer erhöhten Betriebssicherheit.

Als Randbedingungen müssen in einer praxisorientierten Untersuchung neben dem Bruch weitere standmengenbestimmende Kriterien beachtet werden. So sollte eine optimierte Wärmebehandlung nicht nur bezüglich des Bruchverhaltens ein verbessertes Ergebnis bringen, sondern zugleich die Fertigung maßhaltiger Teile mit entsprechender Oberfläche bis hin zu wirtschaftlichen Stückzahlen gewährleisten. Dies ist bei einem entsprechenden Verschleißwiderstand der Werkzeuge zu erreichen, der in den Standmengenversuchen begleitend zum Bruch miterfaßt wird.

Aus der Vorgehensweise bei der Untersuchung des Werkzeugbruches ergibt sich der interdisziplinäre Charakter der Arbeit mit der notwendig engen Zusammenarbeit verschiedener Institutionen und ihren Fachgebieten, z.B. dem Institut für Werkstoffkunde I in Karlsruhe bei der Wärmbehandlung und den Bruchmechanikversuchen, der Materialprüfungsanstalt Stuttgart bei der Werkzeugüberwachung und dem Institut für Material- und Festkörperforschung IV im Kernforschungszentrum Karlsruhe bei der bruchmechanischen Bewertung des Werkzeugbruchs.

WÄRMEBEHANDLUNG   Werkzeugstahl

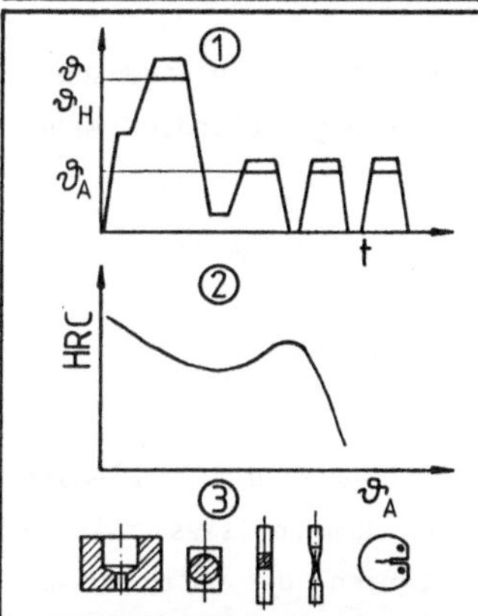

a) Voruntersuchung

Verändern der Zusammensetzung der Metall-
matrix durch Härten und Anlassen(1) im Bereich des Sekundärhärtemaximums (2) :
-Härten von verschiedenen Austenitisierungs-
 temperaturen→(unterschiedliche Restaustenitgehalte)
-Anlassen bei verschiedenen Temperaturen→
 (Variation von Härte, Zähigkeit, Restaustenitgehalt)

b) Auswahl 4 geeigneter Wärmebehandlungen

Härtebereich zwischen 56 und 62 HRC

c) Wärmebehandlung von Werkzeugen und Proben (3)

LABORVERSUCHE

Ermittlung von Eigenschaften
gehärteter Werkzeugstähle m.Prob.

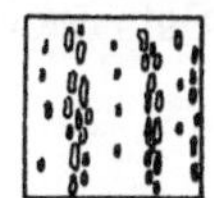

-Gefügeuntersu-
 chungen

-Restaustenitmessung
 an Laborproben
 (vor und nach dem
 Bruch)

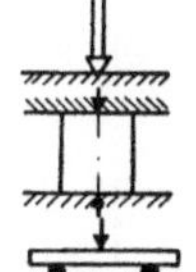

-Härtemessungen

-Stauchversuche

-Biegeversuche

-Bruchmechanikversu-
 che (Rißzähigkeit,
 Rißwachstum)

- Umlaufbiegever-
  suche

MODELLVERSUCH   VVFP

Standmengen- (Lebensdauer-) ermittlung mit Werkzeugen

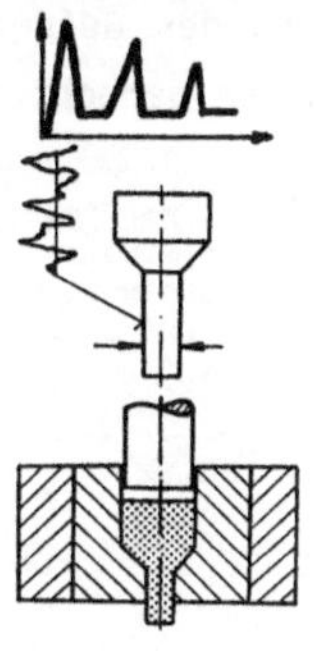

-Erfassung der Riß-
 einleitung u. -aus-
 breitung
-Messung d.Werkzeug-
 verschleißes (Ver-
 änderung d. Schaft-
 Ø u. der Werkstück-
 oberfläche)

-Ermittlung d.Werk-
 zeuglebensdauer bis
 zum vollständigen
 Ermüdungsbruch

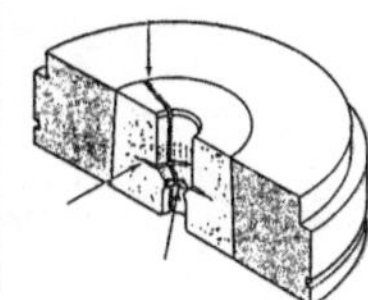

-Untersuchung ge-
 brochener Werkzeuge
 (Restaustenit-
 messung, REM)

Rasterelektronenmikroskopaufnahmen der Bruchflächen von
Bruchmechanikproben und Werkzeugen

ZIEL: Kurzprüfverfahren zur Abschätzung der Werkzeuglebensdauer aus
Eigenschaften des Werkzeugstoffes→zukünftige Auswahl "optimierter" Wärmebehandlungen im Hinblick auf d. Versagen durch Bruch

Bild 5: Vorgehensweise bei der Untersuchung des Werkzeugbruches beim VVFP.

4 GRUNDLAGEN ZUR UNTERSUCHUNG VON WERKZEUGSTÄHLEN UND WERKZEUGEN

4.1 ANFORDERUNGSPROFIL AN WERKZEUGWERKSTOFFE

Das Beanspruchungskollektiv beim Kaltfließpressen bestimmt die Eigenschaften, die von Werkzeugstählen für Kaltfließpreßwerkkzeuge gefordert werden (Bild 6) /66/:

- Bruchbeständigkeit   - Gefügegleichmäßigkeit
- Zähigkeit   - Bearbeitbarkeit
- Verschleißbeständigkeit - Maßbeständigkeit
- Härtbarkeit

Diese Eigenschaften sind zum Teil gegenläufig und lassen die Problematik einer Werkstoffauswahl mit dem Ziel eines guten Kompromisses zwischen Festigkeit und Zähigkeit erkennen. Diese Kriterien der Stahlauswahl bestimmen über die Werkzeuglebensdauer wesentlich die Wirtschaftlichkeit des Kaltfließpressens.

Die Einhaltung und Optimierung der geforderten Eigenschaften wird durch eine gezielte Einstellung des Gefüges der Werkzeugstähle verfolgt, um den verschiedenen Anforderungen gerecht zu werden (Bild 6).

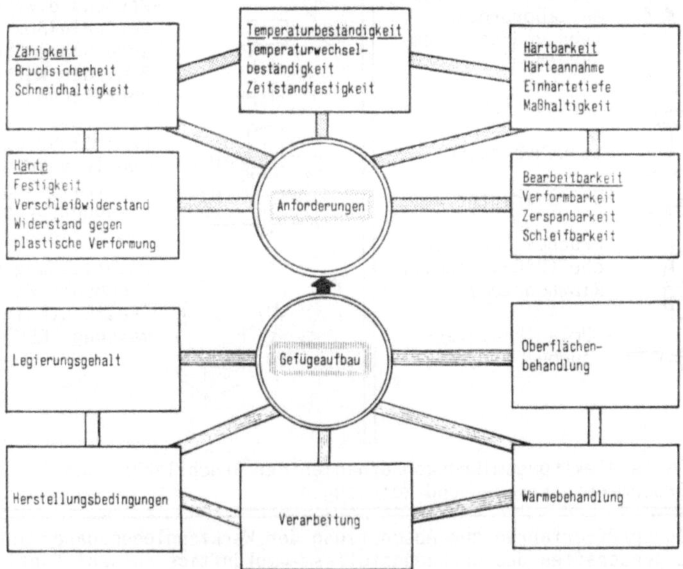

Bild 6: Beeinflussung des Anforderungsprofiles an Werkzeugstähle durch den Gefügeaufbau (nach /66/).

4.1.1 Gewählter Werkzeugwerkstoff

Ein typischer Vertreter der anforderungsorientierten Werkstoffentwicklung ist der häufig für Kaltfließpreßwerkzeuge verwendete hochlegierte Werkzeugstahl X 155 CrVMo 12 1 (Werkstoffnummer 1.2379). Dieser ledeburitische Kaltarbeitsstahl auf der Legierungsbasis bis 2% Kohlenstoff und 12% Chrom erfüllt das gegebene Anforderungsprofil weitgehend /43, 67, 68/. Seine kennzeichnenden Eigenschaften sind die hohe Härtbarkeit und der gute Verschleißwiderstand bei gleichzeitig ausreichender Zähigkeit. Er wurde für die Untersuchung ausgewählt und als gewalzter Rundstab mit 55 mm Durchmesser bezogen.

4.1.1.1 Eigenschaften im Lieferzustand

Bild 7 zeigt die Gefügeausbildung des Werkzeugstahles im gewalzten und weichgeglühten Lieferzustand (850°C; 10°C/h Ofenabkühlung). In Tabelle 1 ist die chemische Zusammensetzung laut Werkszeugnis zusammen mit den wichtigsten mechanischen Werkstoffkennwerten (Mittelwerte aus jeweils fünf Meßwerten) angegeben. Die Zugversuche wurden nach DIN 50145 /69/, die Kerbschlagbiegeversuche nach DIN 50115 /70/ und die Härtemessungen nach DIN 50351 /71/ durchgeführt. Wegen der über dem Stabdurchmesser stark inhomogenen Gefügeverteilung (Bild 7) - und der zu erwartenden Beeinflussung mechanischer Eigenschaften - wurden die Proben außermittig in Längsrichtung entnommen. Der Entnahmequerschnitt entspricht so einer am realen Werkzeug beanspruchten Werkstoffzone und liegt ungefähr beim halben Stabradius (siehe auch Bild 13).

Im Lieferzustand sind in Achsrichtung zeilige Karbidseigerungen sichtbar, die im Stangenkern besonders ausgeprägt sind. Die oberflächennahe Randzone war leicht randentkohlt. Diese unerwünschte Gefügeausbildung hat ihre Ursache in der Werkstoffgeschichte von der Erschmelzung bis hin zum vorliegenden Lieferzustand.

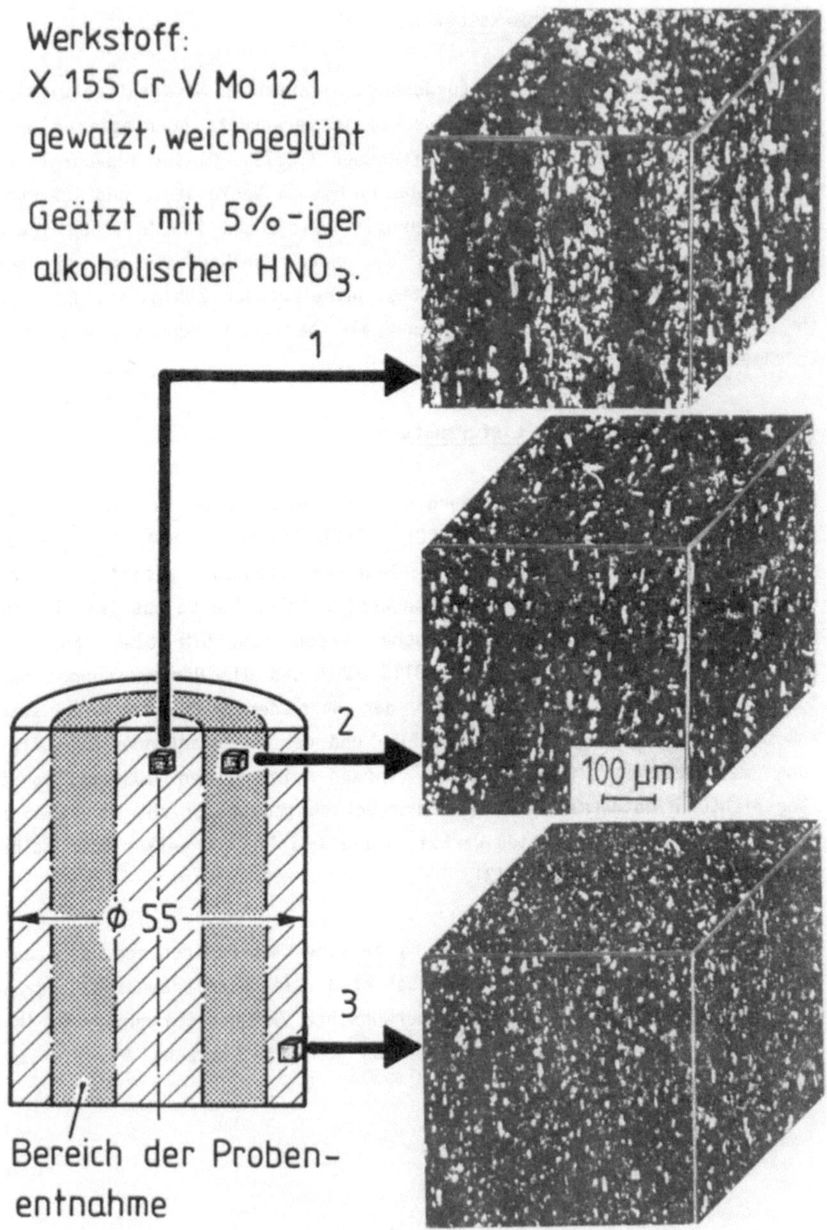

Bild 7: Herstellbedingte Gefügeausbildung des Werkzeugstahles
X 155 CrVMo 12 1 im Lieferzustand (gewalzt, weichgeglüht).

W E R K S T O F F:	X 155 CrVMo 12 1; gewalzt, weichgeglüht							
Legierungselemente (lt. Werkszeugnis) in Gew.-%	C	Si	Mn	P	S	Cr	Mo	V
	1,54	0,30	0,30	0,025	0,014	11,43	0,62	0,93
mechanische Eigenschaften (Längsrichtung)	Zugfestigkeit R_m						N/mm²	800
	0,2-% Dehngrenze $R_{p0,2}$						N/mm²	410
	Streckgrenzenverhältnis $R_{p0,2}/R_m$						-	0,51
	Gleichmaßdehnung A_g						%	11
	Bruchdehnung A_5						%	18
	Brucheinschnürung Z						%	26
	Kerbschlagarbeit (ISO-V) (ISO-U) A_v (DVM)						Nm	4,5 6,0 13,5
	Brinellhärte HB 2,5/187,5						-	234

Tabelle 1: Chemische Zusammensetzung und mechanische Kennwerte des Werkzeugstahles X 155 CrVMo 12 1 im Lieferzustand.

Bei der Erstarrung der Schmelze scheiden sich zunächst γ - Mischkristalle aus (Bild 8). Die Restschmelze wird an Kohlenstoff angereichert und erstarrt unter der Bildung des ternären Ledeburiteutektikums (γ-Mk+M_3C+M_7C$_3$) /72/. Die dabei entstandenen Chrom-Sonderkarbide (Cr,Fe)$_7$C$_3$ werden als eutektische (Primär-)Karbide bezeichnet. Beim weiteren Abkühlen wandelt der γ -Mischkristall bei gleichzeitiger Bildung von Glühkarbiden (Sekundärkarbide des Typs M_7C$_3$)in den α -Mischkristall um.

In der Kokille bildet sich beim Abguß der Schmelze infolge von Temperaturgradienten eine Blockseigerung, d.h. eine Anreicherung von Legierungselementen in der Kernzone. Das Gefüge besteht aus α-Mischkristallen, die von einem Ledeburitnetzwerk umgeben sind. Der vorliegende Lieferzustand entsteht beim anschließenden Warmwalzen im Temperaturbereich um 900°C und nachfolgender langsamer Ofenabkühlung. Beim Walzen wird das Ledeburitnetzwerk zertrümmert und gestreckt. Die Karbidbruchstücke werden je nach Durchknetung mehr (zum Stangenrand hin) oder weniger (in der Kernzone) gleichmäßig in die Gefügegrundmasse eingelagert (Bild 7). Dabei wird eine charakteristische Gefügezeiligkeit erzeugt.

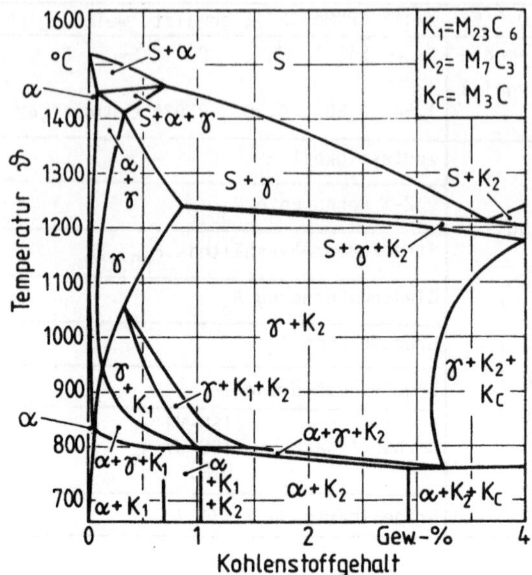

Bild 8: Schnitt durch das Dreistoffsystem Eisen-Chrom-Kohlenstoff bei 13% Cr (nach /73/).

Die Gefügeausbildung im Bereich 2 (Bild 7) eines Längsschliffes (Bild 9) nach dem Walzen und Weichglühen auf beste Bearbeitbarkeit zeigt grobe Chromkarbide (M_7C_3), die aus dem Ledeburit entstanden sind (Primärkarbide). Die feinen koagulierten Karbide (M_7C_3) stammen aus den zerfallenen γ-Mischkristallen (Sekundärkarbide) /74, 75/.

Die Karbidmenge von X 155 CrVMo 12 1 wurde mit Hilfe der Lichtmikroskopie (Lichtmikroskop: Olympus PME) nach dem Linienschnittverfahren /72/ zu 17 Vol-% M_7C_3 im Lieferzustand bestimmt. Die mittlere Länge der Primärkarbide lag bei 40 µm, ihre mittlere Breite bei 13 µm. Der mittlere Karbidzeilenabstand wurde zu 66 µm gemessen, bei einer mittleren Zeilenbreite von 25 µm (Bild 9).

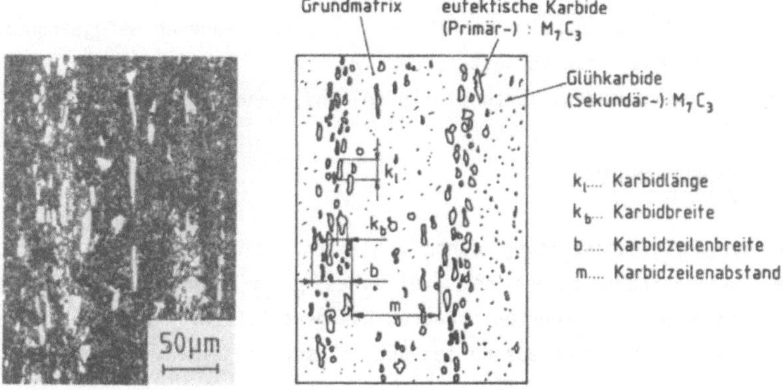

Bild 9: Charakteristische Gefügeausbildung des Werkzeugstahles
X 155 CrVMo 12 1 im Lieferzustand.
Geätzt mit 5%-iger alkoholischer HNO$_3$ (Längsschliff).

Integrale Härtemessungen (Brinell- und Rockwellhärte: Wolpert Härteprüfer
DIA-TESTOR 2 RC) ergaben eine mittlere Brinellhärte von 234 HB 2,5/187,5.
An einzelnen Gefügebestandteilen wurden Mikrohärtemessungen bei 50 g
Belastung mit einem Kleinlasthärteprüfer (Leitz Durimet) durchgeführt. Für
die Vickershärte der groben Primärkarbide vom Typ M$_7$C$_3$ mit 1605 HV ergab
sich eine gute Übereinstimmung mit dem in /42/ angegebenen Wert von
1580 HV. Die Mikrohärte der perlitischen Grundmatrix von 198 HV stimmt mit
der in /72/ angegebenen entsprechenden Brinellhärte von 187 HB überein.

Die im Randbereich des Stabstahles gefundene Randentkohlung ist eine Folge
der Karbidseigerungen im Kern und des Weichglühens. Zum einen binden die
Karbide bei der Erstarrung Kohlenstoff, wodurch Konzentrationsunterschiede
zur Randzone entstehen, zum anderen entweicht Kohlenstoff beim Weichglühen
an der Oberfläche. Der Zementit zersetzt sich, und der freiwerdende
Kohlenstoff oxidiert wegen der bei höheren Temperaturen größeren Diffu-
sionsgeschwindigkeit mit der Ofenatmosphäre zu CO und CO$_2$ /72/.

Die in Werkzeugstählen unerwünschten Erscheinungen der Karbidanreicherung
in der Kernzone mit der Folge einer lokalen Versprödung und die Entkohlung
der Oberfläche wirken sich am VVFP-Werkzeug nicht aus: Diese kritischen
Bereiche werden bei der Werkzeugherstellung ausgebohrt bzw. abgedreht
(siehe auch Bild 13). Die Karbide im verbleibenden Restquerschnitt liegen

in einer zeiligen, weitgehend gleichmäßig verteilten Form vor (Bild 7). Einflüsse der während der Stahlherstellung entstandenen Gefügeinhomogenitäten auf das Bruchverhalten der Werkzeuge können somit weitgehend ausgeschlossen werden. Textureinflüsse sind dennoch möglich /76/.

4.2 WÄRMEBEHANDLUNG

Vor der Fertigbearbeitung durch Schleifen werden Kaltfließpreßwerkzeuge stets wärmebehandelt, mit dem Ziel eines guten Kompromisses zwischen den verschiedenen geforderten Gebrauchseigenschaften. Der Wärmebehandlungszyklus setzt sich aus Härten und Anlassen zusammen.

Das Härten umfaßt das Vorwärmen, Austenitisieren und Abkühlen zur Erzeugung eines martensitischen Gefüges. Die nachfolgende Anlaßbehandlung soll dem Stahl eine ausreichende Zähigkeit bei gleichzeitig hoher Festigkeit verleihen /77,78,79/.

Bei Werkzeugen aus sekundärhärtenden Stählen (z.B. aus dem gewählten X 155 CrVMo 12 1) bieten sich je nach Austenitisierungsbedingungen zwei Möglichkeiten der Anlaßbehandlung an (Bild 10):

- Anlassen im Temperaturbereich von 100°C bis 200°C (übliche Wärmebehandlung) oder

- Anlassen im Temperaturbereich um 500°C (Sonderwärmebehandlung, Sekundärhärtung) /59, 80/.

Während im ersten Fall eine einmalige Anlaßbehandlung genügen kann, ist beim Sekundärhärten ein mehrfaches Anlassen notwendig. Dabei wird der nach dem ersten Anlassen beim Abkühlen aus dem Restaustenit entstandene Martensit entspannt. Häufig wird sogar dreimal und öfter angelassen, um die erforderlichen Eigenschaften mit Sicherheit zu erreichen.

X 155 CrVMo 12 1 (1.2379)		
ledeburitischer Chrom-Kaltarbeitsstahl		
	<u>übliche</u> Wärmebehandlung	<u>Sonder-</u> Wärmebehandlung
Gefügeaufbau	Martensit+Karbid	Martensit+Karbid
max. Härte	rd. 64 HRC	rd. 62 HRC
max. Einsatztemperatur	rd. 200 °C	rd. 500 °C
Oberflächenbehandlung am fertigen Werkzeug:		
Nitrieren	nein	ja
PVD	nein	ja
CVD	nein	nein
Eigenschaften:		
Härtbarkeit	——	Vorteile
Maßänderung	——	Vorteile
Verzug	Vorteile	——
0,2%-Stauchgrenze	——	Vorteile
Zähigkeit	gleichwertig	
abrasiver Verschleiß	gleichwertig	
Verschleiß allgemein	abhängig v. jeweiligen Tribosystem	

Bild 10: Variation mechanischer Eigenschaften und Einsatzmöglichkeiten des Werkzeugstahles X 155 CrVMo 12 1 durch die Wärmebehandlung (nach /59/).

4.2.1 <u>Übliche Wärmebehandlung</u>

Bei der üblichen Wärmebehandlung von X 155 CrVMo 12 1 wird von einer vergleichsweise niedrigen Austenitisierungstemperatur (980°C bis 1030°C) aus gehärtet /80/. Das Härtegefüge nach dem Abkühlen ist ein weitgehend restaustenitfreies, martensitisches Grundgefüge mit eingelagerten Karbiden. Die Ansprunghärte liegt bei ungefähr 64 HRC. Beim Anlassen im Temperaturbereich von 100°C bis 200°C wird der Martensit entspannt. Die Härte geht bei gleichzeitig verbesserten mechanischen Eigenschaften mit zunehmender Anlaßtemperatur zurück.

Derart wärmebehandelte Werkzeuge behalten ihre Einbauhärte, solange die Betriebstemperatur die Anlaßtemperatur nicht übersteigt. Für den Einsatz bei höheren Betriebstemperaturen kann eine verbesserte Warmfestigkeit durch die Sonderwärmebehandlung erreicht werden /59, 68, 80/.

4.2.2 Sonderwärmebehandlung

Bei der Sonderwärmebehandlung von X 155 CrVMo 12 1 wird von vergleichsweise hohen Austenitisierungstemperaturen (1040°C bis 1100°C) aus gehärtet
/80/. Nach dem Abkühlen besteht das Gefüge aus Martensit, Restaustenit und
eingelagerten Karbiden. Wegen des erhöhten Restaustenitgehaltes ist die
Abschreckhärte niedrig (60 HRC bis 61 HRC). Beim Anlassen zwischen 450°C
und 550°C bilden sich Sonderkarbide. Der Restaustenit kann beim nachfolgenden Abkühlen in Martensit umwandeln. Die Härte steigt mit richtig
gewählter Anlaßtemperatur bei gleichzeitg guten mechanischen Eigenschaften
an (Sekundärhärtung, Ausscheidungshärtung).

Der wesentliche Vorteil der Sonderwärmebehandlung ist die hohe Warmfestigkeit der Werkzeuge bei gleichzeitig guten mechanischen Eigenschaften
/59, 81/. Die Warmfestigkeit wird beim Kaltfließpressen im Zusammenhang
mit der Erzeugung von Verschleißschutzschichten (Nitrieren, PVD-Beschich-
tung) im Temperaturbereich zwischen 300°C und 550°C vermehrt ausgenützt
/9/. Zudem liegt man wegen des stationären Temperaturzustandes in
Kaltfließpreßwerkzeugen mit Temperaturen um 200°C /7, 82/ auf der sicheren
Seite, d.h. die Einbauhärte verändert sich nicht.

4.2.3 Durchführung der Wärmebehandlung

Wegen der offensichtlichen Vorteile der Sonderwärmebehandlung wird diese
bei Kaltfließpreßwerkzeugen meistens bevorzugt. Um in der vorliegenden
Arbeit für die Labor- und Standmengenversuche reproduzierbare Werkstoffeigenschaften über die Wärmebehandlung einstellen zu können, war die
Ermittlung exakter Härte- und Anlaßtemperaturen notwendig (Literaturangaben für den Kaltarbeitsstahl X 155 CrVMo 12 1 können wegen ihrer Chargen-
abhängigkeit nicht ohne weiteres übertragen werden). Dazu wurden dem
Werkzeugstahl Rundproben der Abmessung ⌀ 10x16 mm nach Bild 13 entnommen
und von sechs verschiedenen Austenitisierungstemperaturen im praxisüblichen Temperaturbereich zwischen 980°C und 1120°C gehärtet. Anschließend
wurde jeweils bis zu dreimal bei jeweils drei verschiedenen Temperaturen
im Bereich des Sekundärhärtemaximums angelassen.

Die gewählten Anlaßtemperaturen im Bereich der Sekundärhärte wurden wie
folgt ermittelt:

Für die Austenitisierungstemperaturen 980°C und 1100°C wurde aus unterschiedlichen Literaturangaben für die Anlaßtemperaturen (auf maximale Härte) in /80, 81, 83/ jeweils ein Mittelwert berechnet (ϑ_A = 480°C bzw. 520°C). Mit diesen Mittelwerten wurden zwischen den angegebenen Härtetemperaturen weitere Anlaßtemperaturen linear interpoliert (Bild 11). Eine Variation der so ermittelten Anlaßtemperaturen um jeweils $\pm$ 20°C ergab die zu jeder Härtetemperatur untersuchten drei Anlaßtemperaturen im Bereich des Sekundärhärtemaximums.

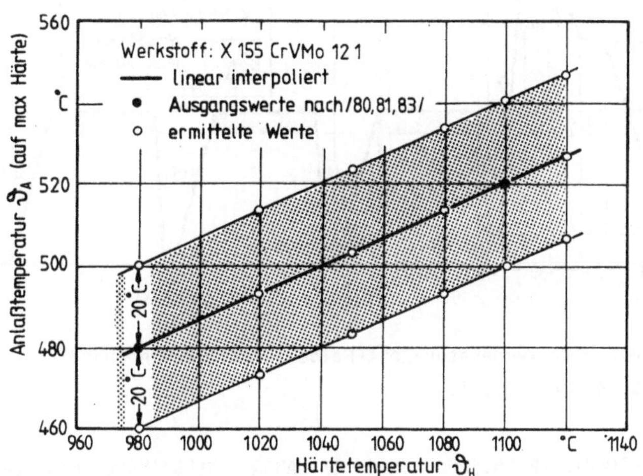

Bild 11: Nach Literaturangaben /80,81,83/ gebildeter Zusammenhang zwischen Härte- und Anlaßtemperatur

Zur Vermeidung von Verzunderung und Randentkohlung der Werkzeuge (bzw. Laborproben) wurde im Vakuumofen gehärtet (Zweikammerofen Degussa VKQF gr. 25/16/13 mit thyristorgeregelter Graphitheizung[*]). Obwohl nach /77/ bei der Verwendung von Vakuumöfen auf die Vorwärmung verzichtet werden kann, wurde zunächst in einer Stufe auf 800°C erwärmt (Bild 12). Nach 30-minütigem Halten folgte das Anwärmen mit 10°C/min auf die jeweilige Austenitisierungstemperatur und nach weiteren 30 Minuten das Abkühlen in Öl von 100°C (Vacuquench 605, Houghton Chemie). Zum Anlassen im Wirbelbett

[*]Institut für Werkstoffkunde I, Karlsruhe

(Aluminiumoxid Al_2O_3 HT600, Firma Schwing) wurde je Anlaßstufe in 10 Minuten angewärmt, 2 Stunden auf Temperatur gehalten und anschließend an Luft auf Raumtemperatur abgekühlt.

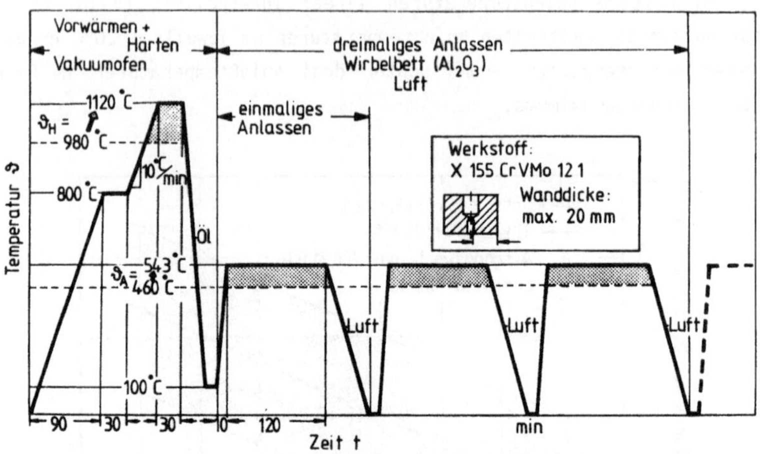

Bild 12: Gewählte Temperatur-Zeit-Folge für die Wärmebehandlung von X 155 CrVMo 12 1.

4.3 EXPERIMENTELLE UNTERSUCHUNGEN IM LABOR - VERSUCHSDURCHFÜHRUNG

Aus den unter 4.1.1 genannten Gründen (inhomogene Gefügeverteilung) wurden die Laborproben gemäß Bild 13 außermittig aus den Rundstäben entnommen. Bei den Bruchmechanikproben war diese Vorgehensweise abmessungsbedingt nicht möglich. Nach dem Sägen der Probenvorform erfolgte die Bearbeitung durch Drehen, Hobeln und Fräsen. Zur Gewährung entkohlungsfreier Oberflächen nach der Fertigbearbeitung wurde 0,3 mm Schleifaufmaß vor dem Härten zugegeben.

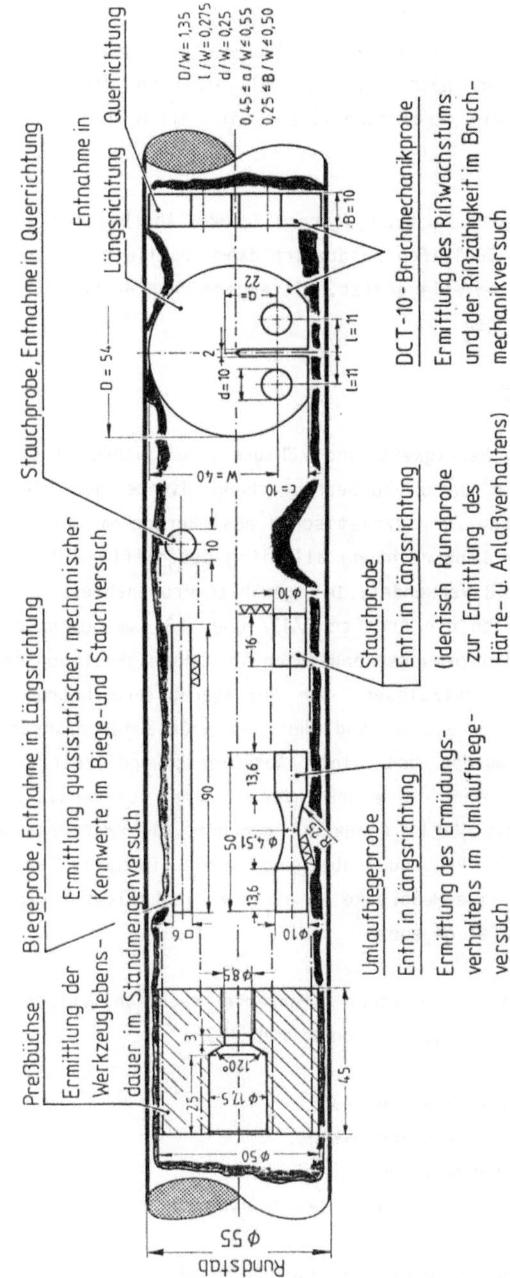

Bild 13: Entnahme von Laborproben und Preßbüchsen aus einem gewalzten Rundstab. Werkstoff: X 155 CrVMo 12 1.

4.3.1 <u>Härtemessungen</u>

Die Werkstoffmakrohärte als integrales Maß wurde im gehärteten Zustand der Werkzeuge und Proben nach dem Rockwellverfahren /84/ bestimmt. Zur Härtemessung war die Probenoberfläche in allen Fällen planparallel geschliffen.

Bei der Mikrohärteprüfung nach Vickers (siehe Abschnitt 4.1.1.1) wurden die Proben nach dem Schleifen zusätzlich diamantpoliert und zur Kennzeichnung der Gefügebestandteile geätzt. Die angegebenen Härtewerte sind Mittel aus jeweils 5 Messungen.

4.3.2 <u>Biegeversuche</u>

Zur Ermittlung der Festigkeit und Zähigkeit vergüteter (gehärteter und angelassener) Proben unter Zugbeanspruchung diente der nicht genormte Dreipunktbiegeversuch. Zur statistischen Absicherung wurden gemäß /54/ je Gefügezustand 10 in Längsrichtung allseitig geschliffene Proben nach der Probenlage in Bild 13 verwendet. Die gewählte Probenabmessung □ 6 x90 mm schien in Anlehnung an die Arbeiten /43/ und /63/ am besten geeignet, um die Beanspruchungs-Verformungs-Kennlinien in Abhängigkeit von der Wärmebehandlung ausreichend aufzulösen. Der Auflagerabstand betrug 75 mm, der Radius der Biegeböcke 2,5 mm und der des viersäulengeführten Stempels 5 mm. Die Proben wurden bei einer Absenkgeschwindigkeit von ungefähr 0,2 mm/min quasistatisch in einer hydraulischen Universialprüfmaschine (Losenhausen UHP) mit 400 kN Nennkraft geprüft. Die Kraftmessung erfolgte piezoelektrisch, die Probendurchbiegung wurde induktiv erfaßt. Beide Signale wurden über eine Meßbrücke an einen X-Y-Schreiber zur Aufzeichnung des Kraft-Weg-Verlaufes gegeben.

Bei der Berechnung mechanischer Kennwerte nach analytischen Ansätzen wurden folgende Randbedingungen angenommen /85/:

- es treten nur Längsspannungen auf;
- Querdehnungen werden vernachlässigt;
- keine Querschnittsverwölbung;
- lineare Dehnungsverteilung über dem Querschnitt;
- reine Biegung;
- gleiches Formänderungsgesetz für Zug und Druck.

In Anlehnung an /63/ werden nach Bild 14 die folgenden mechanischen Kennwerte angegeben: die Elastizitätsgrenze R_b, die 0,01%-Biegegrenze $R_{b0,01}$, die Biegefestigkeit R_{bB} (nach verschiedenen Berechnungsverfahren) und die elastische und plastische Biegearbeit A_{bel} bzw. A_{bpl}.

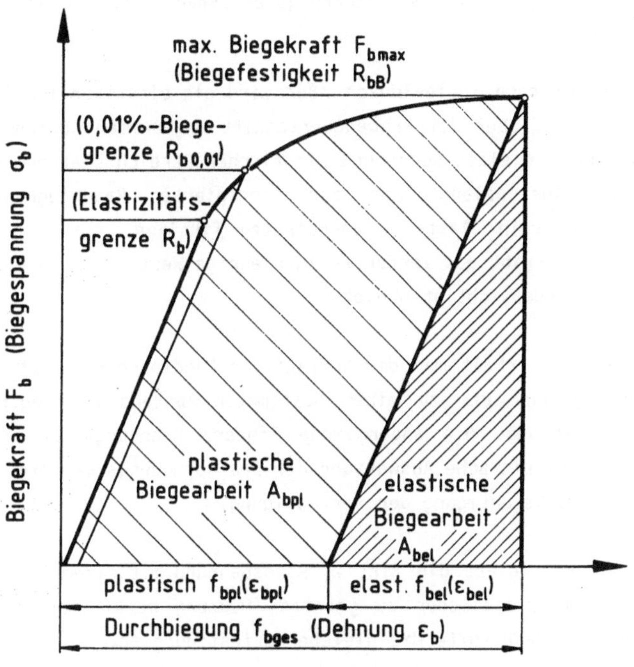

Bild 14: Schematische Darstellung einer Beanspruchungs-Verformungs-Kennlinie aus dem Biegeversuch.

Die aus dem Biege- und Widerstandsmoment berechnete Elastizitätsgrenze R_b als Spannung bei der ersten erkennbaren Abweichung von der elastischen Geraden läßt sich nur ungenau bestimmen. Zusätzlich wird deshalb die 0,01-% Biegegrenze $R_{b0,01}$ bei einer bleibenden Durchbiegung von 0,01% angegeben.

Die rein elastische Berechnung der Biegefestigkeit R_{bB} ergibt wegen des angenommenen linearen Spannungsverlaufes über dem Probenquerschnitt fiktive Werte. Sollen die Biegefestigkeitswerte den wahren Randwerten näherkommen, so ist eine Korrektur der Werte durchzuführen /60, 85/.

Folgende Näherungen wurden verwendet:

- elastisch-idealplastisches Näherungsverfahren nach Hoyle und Ineson /86/

- elastisch-verfestigendes Näherungsverfahren nach Nadai /87/ und Krisch /88/.

Beim Verfahren nach Hoyle-Ineson /86/ wird ein elastisch-idealplastischer Spannungsverlauf über dem Probenquerschnitt angenommen. Durch Integration der Spannungen im elastischen und plastischen Bereich über dem Abstand zur neutralen Faser gelangt man zur korrigierten Randbiegespannung. Im Vergleich zur rein elastisch gerechneten fiktiven, wie auch zur wahren Randspannung, ergibt das Verfahren zu niedrige Werte, da die Werkstoffverfestigung unberücksichtigt bleibt.

Nach Nadai /87/ erhält man die korrigierte Randspannung durch Integration der Spannung über der zu einem bestimmten Abstand zur neutralen Faser gehörenden Dehnung. Die angenommene lineare Spannungs-Dehnungsbeziehung ermöglicht eine einfache Auswertung der Beanspruchungs-Verformungs-Kennlinie unter Berücksichtigung der Verfestigung.

Krisch /88/ korrigiert die fiktive Randspannung mit einem Ansatz, der das Verhältnis von plastischer zu gesamter Dehnung berücksichtigt; er nimmt dabei für alle Werkstoffe die gleiche Verfestigung an.

Vergleicht man die korrigierte Randbiegespannung von Nadai und Krisch mit der fiktiven, rein elastisch gerechneten bzw. der elastisch-idealplastisch berechneten nach Hoyle und Ineson, so liegen die Werte zwischen diesen Extremen. Es ist daher anzunehmen, daß die Korrekturverfahren von Nadai und Krisch am ehesten zu Biegefestigkeitswerten führen, die der wahren Biegefestigkeit entsprechen.

Zur Beurteilung der Zähigkeit unter Zugbeanspruchung wurde die plastische Biegearbeit A_{bpl} aus den Kraft-Weg-Verläufen des Biegeversuchs flächenmäßig durch Planimetrieren ermittelt. Der plastische Anteil der Biegearbeit dient als Maß für die Zähigkeit des Werkstoffes, bleibende Verformungen bei gleichzeitigem Abbau von Spannungsspitzen zu ertragen /55, 57/.

4.3.3 <u>Stauchversuche</u>

Das Werkstoffverhalten von X 155 CrVMo 12 1 unter Druckbelastung wurde in
Stauchversuchen an jeweils 5 Proben der Abmessung $\varnothing$ 10x16 mm für jede
Wärmebehandlung untersucht (Bild 13). Die Proben waren stirnseitig
geschliffen, die Belastung bis zum Bruch erfolgte zwischen hartmetallbe-
stückten, planparallelen, geschmierten Stauchbahnen. Die Versuchsdurchführung und Meßwerterfassung erfolgte wie bei den Biegeversuchen (siehe
Abschnitt 4.3.2).

Die Kraft-Weg-Verläufe wurden zur Bestimmung der 0,2%-Stauchgrenze $R_{d0,2}$,
der Druckfestigkeit R_{dB}, der elastischen und plastischen Stauchung ε_{del}
bzw. ε_{dpl} sowie der elastischen und plastischen Staucharbeit A_{del} bzw.
A_{dpl} nach DIN 50106 /89/ ausgewertet. Die beiden letztgenannten Größen
wurden durch Planimetrieren der Kraft-Weg-Verläufe ermittelt.

Das Auswerteverfahren nach /89/ führt allerdings auf zu hohe Druckfestig-
keitswerte R_{dB} beim Bruch, da die Druckkraft auf den unverformten
Ausgangsquerschnitt bezogen wird. Deshalb wurde die Fließspannung unter
Berücksichtigung der Querschnittszunahme berechnet.

4.3.4 <u>Umlaufbiegeversuche</u>

Wegen der bruchbedingt geringen Werkzeuglebensdauer im praktischen Einsatz
wurde das Ermüdungsverhalten von X 155 CrVMo 12 1 mit dem Umlaufbiegeversuch im Zeitfestigkeitsgebiet untersucht. Die Probennahme erfolgte gemäß
Bild 13.

Die Oberflächenbeschaffenheit hat neben der Wärmebehandlung bei harten
Stählen einen starken Einfluß auf die Lebensdauer und deren Streuung /90/.
Dies gilt nach /13/ und /18/ auch für Kaltfließpreßwerkzeuge. Daher wurde
die Oberfläche der Umlaufbiegeproben ähnlich wie die Werkzeugoberfläche
(siehe Abschnitt 4.4.2 und Tabelle 1 im Anhang) verändert:

- geschliffen in Umfangsrichtung (quergeschliffen: 1 µm < R_{zDIN} < 2,5 µm)
- diamantpoliert in Umfangsrichtung (querpoliert: R_{zDIN} < 0,5 µm)
- diamantpoliert in Längs-(Achs-)richtung (längspoliert: R_{zDIN} < 0,5 µm)

Die Taststrecke bei der Oberflächenmessung war senkrecht zur Bearbeitungs-
richtung.

Die Ermüdungsbeanspruchung der Proben bis zum Bruch erfolgte unter
Vierpunktbiegung auf einer Prüfmaschine der Bauart Schenck Rapid PUNZ bei
einer Lastfrequenz von 100 Hz und der Mittelspannung σ_m = 0 (Spannungsverhältnis R = σ_u/σ_o = -1; σ_u = Unterspannung σ_o = Oberspannung). Eine
Probenerwärmung wurde in keinem Fall beobachtet.

Aus der Literatur ist bekannt, daß Lebensdauerschwankungen von 1:10 bis
1:20 auf einem beliebigen Beanspruchungsniveau im Zeitfestigkeitsgebiet
üblich sind /91, 92/. Damit ist die in DIN 50100 /93/ geforderte
Mindestzahl von 6 bis 10 Ermüdungsversuchen (im Zeit- und Dauerfestigkeitsgebiet zusammen!) nicht ausreichend: Die so ermittelte Wöhlerlinie
sagt nichts über die Lebensdauerschwankung und vermittelt nur vage die
Bruchwahrscheinlichkeit P_B = 50% /92, 94/. Deshalb wurde ein notwendiger
Mindestaufwand zur statistischen Absicherung der Ermüdungsversuche im
Zeitfestigkeitsgebiet betrieben /94/: Geprüft wurden je Wärmebehandlung
und Oberflächenbeschaffenheit 21 Proben, bei einer Verteilung von 7 Proben
auf je 3 Spannungshorizonte (800 N/mm², 875 N/mm² und 950 N/mm²).

Als brauchbarer Lösungsansatz für die statistische Versuchsauswertung der
Summenfunktion f*(N) (Bild 15) wurde die arcsin $\sqrt{p}$-Transformation nach
/94/ verwendet. Auf jedem Spannungsniveau wurden für die verschiedenen
Bruchlastspielzahlen und die zugehörige Bruchwahrscheinlichkeit P_B die
Koeffizienten a und b der Ausgleichsgeraden f*(N) durch eine Regressionsrechnung ermittelt (Schritt 1). Mit diesen Ausgleichsgeraden lassen sich
für jedes Spannungsniveau zu einer bestimmten Bruchwahrscheinlichkeit P_B
gehörige Bruchlastspielzahlen berechnen. In einem zweiten Schritt wird für
diese Bruchlastspielzahlen gleicher Bruchwahrscheinlichkeit, aber unterschiedlicher Spannungsniveaus, eine Regressionsgerade errechnet; wendet
man diese Vorgehensweise auf die interessierenden Bruchwahrscheinlichkeiten an, so lassen sich statistisch ermittelte Grenzen für diese
Bruchwahrscheinlichkeiten im Wöhlerfeld des Zeitfestigkeitsgebietes ange-
ben.

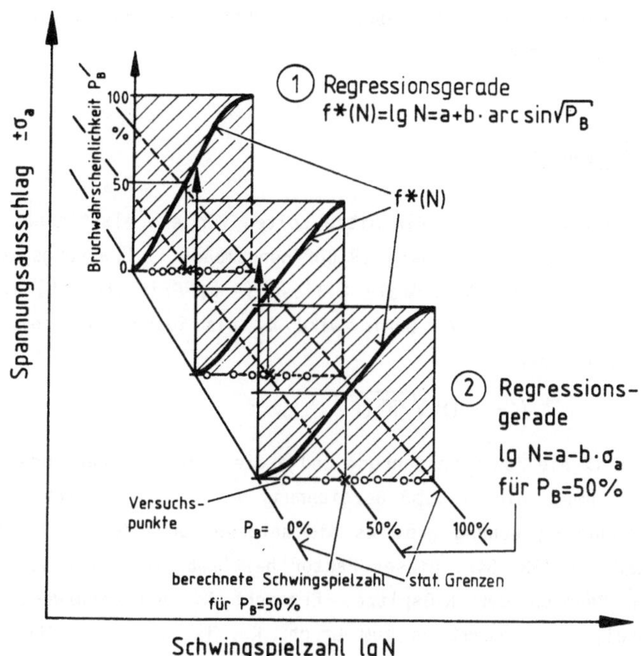

Bild 15: Schematische Darstellung zur statistischen Auswertung von Umlaufbiegeversuchen mit der arc sin $\sqrt{P}$-Transformation (nach /94/).

4.3.5 Bruchmechanikversuche

Aufgrund des derzeitigen Kenntnisstandes läßt sich mit bruchmechanischen
Methoden die Auswahl von Werkzeugstählen für Umformwerkzeuge im Hinblick
auf Rißzähigkeit und Rißausbreitung optimieren /30, 32, 53/. Unter
bestimmten Bedingungen sind folgende Möglichkeiten gegeben:

- Berechnung der zulässigen Belastung bei Vorliegen von Fehlern einer
  gegebenen Größe, bzw. der zulässigen Fehlergröße bei gegebener
  Beanspruchung;
- Lebensdauerabschätzung beim Versagen durch Rißwachstum.

In der Bruchmechanik werden die beiden Brucharten Gewalt- und Ermüdungsbruch im Gültigkeitsbereich der linearelastischen Bruchmechanik behandelt,
die auf harte, spröde Werkzeugstähle anwendbar ist /21 bis 24/. Grundlage

dieser Methoden sind bruchmechanische Werkstoffkennwerte, die im Experiment bestimmt werden.

4.3.5.1 Rißzähigkeit

In unmittelbarer Nähe der Rißspitze gelten für ein elastisches Kontinuum unter äußerer Zugbeanspruchung (Rißöffnungsmodus I) Spannungsgleichungen, die für eine unendlich schmale Ellipse (sog. Griffith-Riß) theoretisch bestimmt wurden /33, 34/. Darin wird K_I als Spannungsintensitätsfaktor bezeichnet, für den gilt

$$K_I = \sigma \sqrt{\pi a} \ . \tag{1}$$

Hierin ist σ die Zug-Nennspannung und a die Rißtiefe. Der Index I ist die in der Bruchmechanik übliche Bezeichnung der Rißöffnungsart I (Modus I); unter Schubbeanspruchung gibt es die seltener behandelten Rißöffnungsarten II und III /33, 34/. Dieser Faktor bestimmt die mechanische Beanspruchung im Bereich der Rißspitze. Erreicht K_I den Grenzwert K_{Ic} - die Rißzähigkeit -, so kommt es zum Bruch. K_{Ic} ist somit ein Werkstoffkennwert, der den Widerstand gegen einen makroskopisch verformungslosen Sprödbruch beschreibt.

Aus Beziehung (1) wird nach der Einführung eines geometrischen Korrekturfaktors f(a/W), der die Probenform und -abmessungen beinhaltet

$$K_I = \sigma \sqrt{\pi a} \ f(a/W). \tag{2}$$

Hierin ist W die Probenbreite (Bild 13).

Zur Ermittlung der Rißzähigkeit K_{Ic} wurden für jede Wärmebehandlung 3 DCT-Bruchmechanikproben (disk-shaped compact tension) aus dem Werkzeugstahl entnommen (Bild 13). Die gewählte Probendicke B = 10 mm bestimmt über die in Bild 13 gegebenen Zusammenhänge alle weiteren Abmessungen. Eine Kontrolle der in /95/ gestellten Forderung für die Probendicke

$$B \geq 2,5 \left(\frac{K_{Ic}}{R_{p\,0,2}}\right)^2 \tag{3}$$

anhand von Literaturwerten für X 155 CrVMo 12 1 in /63/ ergab, daß diese Probendimensionen zu gültigen K_{Ic}-Werten führen müßten. Bei dieser Kontrollrechnung wurde aus den in Abschnitt 2.2 genannten Gründen die 0,2%-Dehngrenze $R_{p0,2}$ durch die 0,01-% Biegegrenze $R_{b0,01}$ ersetzt.

Nach dem Härten erfolgte das Anschwingen der plan geschliffenen Proben (60 kN Schenck Resonanzpulser*) zur Einleitung eines Ermüdungsanrisses, ausgehend von der spanend gefertigten Rißstarterkerbe. Anschließend wurden die Proben einsinnig bis zum Bruch belastet (500 kN Zwick Universalprüfmaschine 1494*) und gleichzeitig der Kraft-Weg-Verlauf aufgezeichnet. Zur Berechnung der Spannungsintensität

$$K_I = \frac{F_I}{B\sqrt{W}}\, f\left(a/W\right) \tag{4}$$

wurde die Kraft F_I entsprechend der Kriterien in /95/ aus dem Kraft-Weg-Verlauf entnommen und für die DCT-Probe die Korrekturfunktion eingesetzt /96/

$$f(a/W) = \frac{(2 + a/W)\left[0{,}76 + 4{,}8\, a/W - 11{,}58\, (a/W)^2 + 11{,}43\, (a/W)^3 - 4{,}08\, (a/W)^4\right]}{(1 - a/W)^{1{,}5}} \tag{5}$$

Die Überprüfung der in /95/ festgelegten Kriterien ergab in allen Fällen, daß es sich bei den ermittelten Spannungsintensitäten um kritische K_{Ic}-Werte, d.h. echte Rißzähigkeitswerte handelt.

Wird der experimentell bestimmte K_{Ic}-Wert in Gleichung (2) eingesetzt und nach der zulässigen kritischen Rißtiefe a_{cr} aufgelöst, so ergibt sich mit

$$a_{cr} = \frac{1}{\pi\,\left[f(a_{cr}/W)\right]^2} \cdot \left(\frac{K_{Ic}}{\sigma}\right)^2 \tag{6}$$

- durch numerische Variation der Gleichung - die bei gegebener Belastung tolerierbare Fehlergröße. Im Prinzip ist diese Vorgehensweise auch auf Umformwerkzeuge übertragbar, sofern die Nennspannungsverteilung σ und die Korrekturfunktion f(a/w) bekannt sind /27, 31/.

4.3.5.2 Rißwachstumsgeschwindigkeit

Interessiert das Verhalten rißbehafteter Bauteile mit Rissen kleiner als die kritische Rißtiefe a_{cr} unter wechselnder Beanspruchung, so ist zu untersuchen, ob eine stabile, vorkritische Rißausbreitung stattfindet. Zur Erfassung der Ermüdungsrißausbreitung wird deshalb in der Bruchmechanik in Versuchen die Rißwachstumsgeschwindigkeit ermittelt /33, 34/.

*)Institut für Werkstoffkunde I, Karlsruhe

In Abhängigkeit von der Wärmebehandlung wurden je 3 DCT-Proben (Bild 13) bei einer Frequenz von 20 Hz und einem Spannungsverhältnis R = 0,2 schwellend bis zum Bruch beansprucht (60 kN Schenck Resonanzpulser[*]). Die Schrittweite bei der Auswertung der Rißwachstumsgeschwindigkeit da/dN und der zugehörenden zyklischen Spannungsintensität ΔK_I betrug 0,25 mm. Die aktuelle Rißtiefe a wurde aus dem dynamischen Potentialsondensignal ermittelt. Zur Berechnung der zyklischen Spannungsintensität

$$\Delta K_I = K_{Io} - K_{Iu} \tag{7}$$

aus dem Ober- und Unterwert K_{Io} bzw. K_{Iu} des Spannungsintensitätsfaktors wurden die Gleichungen (4) und (5) verwendet.

Bei doppelt-logarithmischer Auftragung der Rißwachstumsgeschwindigkeit da/dN über der zyklischen Spannungsintensität ΔK_I läßt sich das Rißwachstum im linearen Bereich wie folgt beschreiben /33, 34/:

$$da/_{dN} = C \cdot \Delta K_I^{n^*}. \tag{8}$$

Die Werte C und n* sind werkstoffabhängige Konstanten. Integriert man Gleichung (8), so ist die Restlebensdauer ΔN bei Kenntnis der kritischen Rißtiefe a_{cr} abschätzbar gemäß

$$\Delta N = \int_{N_i}^{N_B} dN = \frac{1}{C} \int_{a_i}^{a_{cr}} \frac{da}{[\Delta\sigma\sqrt{\pi a}\, f(a/w)]^{n^*}}. \tag{9}$$

Hierin ist N_i die Schwingspielzahl bis zum Erreichen der Anfangsrißtiefe a_i und $\Delta\sigma$ die Spannungsschwingbreite. Wie bei der Bestimmung der kritischen Rißtiefe a_{cr} (siehe Abschnitt 4.3.5.1) ist diese Vorgehensweise prinzipiell auch auf Umformwerkzeuge anwendbar. Voraussetzung ist die Kenntnis der Spannungsschwingbreite $\Delta\sigma$ und der Korrekturfunktion f(a/W) /27, 31/.

[*]Institut für Werkstoffkunde I, Karlsruhe

4.4 VERSUCHE UNTER BETRIEBSNAHEN BEDINGUNGEN - STANDMENGENERMITTLUNG

4.4.1 Werkzeugauslegung

Zur Untersuchung des Werkzeugbruches infolge eines Ermüdungsrisses beim
VVFP wurde ein nach dem Verfahren von Adler/Walter /28/ ausgelegter
Schrumpfverband verwendet (Bild 16). Mit dieser Werkzeugauslegung konnten
alle Standmengenversuche durchgeführt werden, wobei nur die Eigenschaften
der Preßbüchsen aus dem Kaltarbeitsstahl X 155 CrVMo 12 1 im Bereich
praxisüblicher Härtewerte zwischen 56 HRC und 62 HRC durch die Wärmebehandlung variiert wurden. Die Armierungsringe aus dem Warmarbeitsstahl
X 40 CrMoV 5 1 waren immer auf 46 HRC gehärtet (Härten: 1020°C; Anlassen:
2 x 605°C, 1 x 570°C).

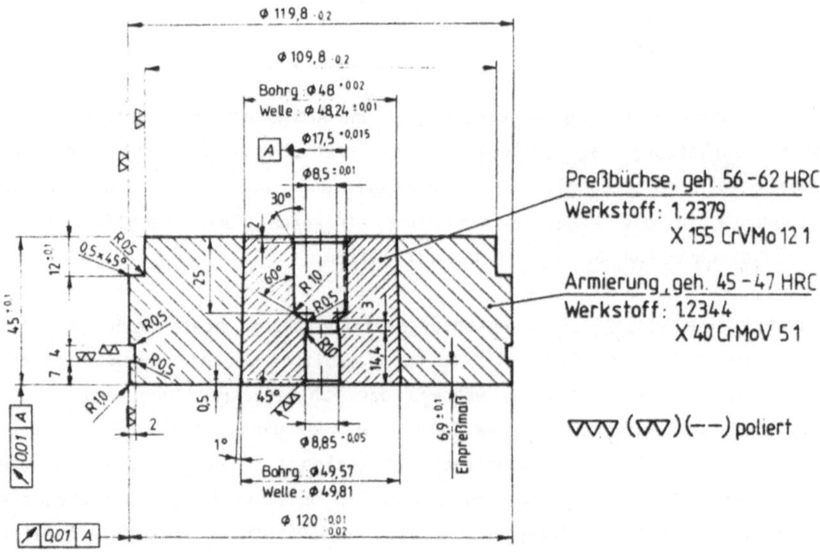

Bild 16: Konstruktive Werkzeugauslegung für die Standmengenversuche beim
VVFP.

Nach Ergebnissen einer Voruntersuchung (Preßbüchsen gehärtet auf 62 HRC)
ist diese Konstruktion ein vernünftiger Kompromiß für eine Standmengenuntersuchung unter simulierten Fertigungsbedingungen. Der hierbei "ge-
wünschte" Ermüdungsbruch tritt bei wirtschaftlich vertretbaren Stückzahlen

auf, wobei eine ausreichende Differenzierung des Ermüdungsverhaltens der Preßbüchsen in Abhängigkeit von ihrer Wärmebehandlung möglich ist.

Die Ermüdungsrißeinleitung und -ausbreitung im Übergangsbereich vom zylindrischen zum kegligen Teil der Preßbüchse wurde bewußt durch eine kritische Werkzeugauslegung begünstigt. Die starke bezogene Querschnittsabnahme ε_A = -0,76, der große Schulteröffnungswinkel 2α = 120° und der kleine Schultereinlaufradius r = 1 mm führen nach /18/ und /19/ zu erhöhten Spannungskonzentrationen im bruchgefährdeten Werkzeugquerschnitt. Die Abweichung zu den Empfehlungen in /67/ für die konstruktive Gestaltung einteiliger Preßbüchsen (ε_A = -0,66; 2α = 50° bis 70°; r möglichst groß) verringert die Lebensdauer und hält so den Versuchsaufwand in vertretbaren Grenzen.

4.4.2 <u>Werkzeugfertigung</u>

Nach der Wärmebehandlung der Preßbüchsen und Armierungsringe erfolgten die Schleifbearbeitung (ausschließlich der Preßbüchseninnenkontur) und das Fügen beider Werkzeugteile zum Schrumpfverband. Dazu wurde die kegelige Preßbüchse in die kegelige Armierung eingepreßt und anschließend die Werkzeuginnenkontur auf Maß fertiggeschliffen.

Üblicherweise werden zum Innenkonturschleifen abgerichtete Korundschleifsteine verwendet. Von Nachteil sind deren maßliche Veränderungen durch die Abnützung und die Handhabung während der Schleifbearbeitung: Die daraus resultierenden Unterschiede der Geometrie (Übergangsradius zur Schulter) im bruchgefährdeten Werkzeugquerschnitt wirken sich zwangsläufig auf die Schwankung der Werkzeuglebensdauer aus. Ein besseres Ergebnis ergibt die Verwendung galvanisch belegter, bornitridbeschichteter Formschleifstifte aus Stahl, die im Trockenschliff bei der Werkzeugherstellung verwendet wurden (Bild 17). Die nach dem Schlichten mit Bornitrid vorliegende rauhe Werkzeugoberfläche ($3\mu m < R_{zDIN} < 5\mu m$) wurde durch Feinstnachschleifen (trocken) mit Siliciumkarbid (SC 80H8 KE) beseitigt. Bei weitgehend unveränderter Werkzeuggeometrie ergab sich eine bessere Oberfläche ($1\mu m < R_{zDIN} < 2,5\mu m$).

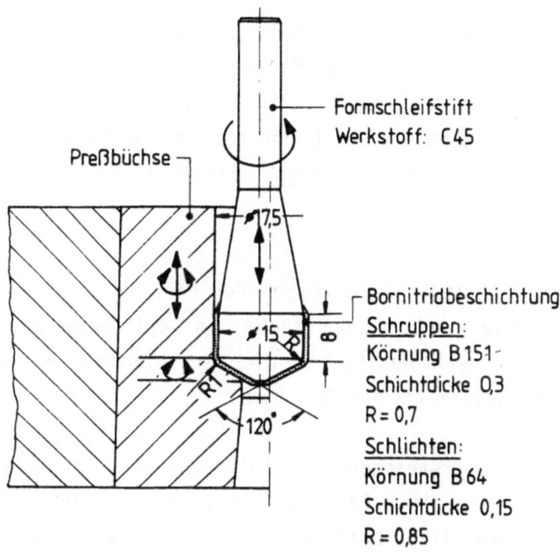

Bild 17: Innenkonturschleifen von VVFP-Werkzeugen mit bornitridbeschich-
teten Formschleifstiften.

Nach wie vor bleibt das Problem bestehen, daß eine in Achsrichtung der
Preßbüchse oszillierende Bewegung dem rotierenden Schleifkörper nur im
zylindrischen Teil überlagert werden kann (Bild 17). Im Bereich des
bruchgefährdeten Querschnittes ist dies nicht möglich. An der Schulter der
Preßbüchse wird der Radienbereich nur in Umfangsrichtung geschliffen. Die
entstehenden Schleifriefen sind beim nachfolgenden Polieren kaum zu
entfernen (siehe Bild 18). Zusätzlich zur geometriebedingten Kerbwirkung
wirken sich Mikrokerben auf den Werkzeugbruch aus.

Nach dem Schleifen wurden die Preßbüchsen mit Diamantpasten verschiedener
Körnung (bis 0,25 µm) unter der Verwendung von Polierdornen (Messing,
Hartholz) manuell poliert (Bearbeitungsbedingungen siehe Tabelle 1 Anhang). In der Nähe der Übergangsradien (im Bereich des meßtechnisch
erfaßbaren zylindrischen Preßbüchsenteiles) konnte eine Oberflächengüte
mit gemittelten Rauhtiefen $R_{zDIN} < 0,5$ µm erreicht werden.

Zur Untersuchung des Oberflächeneinflusses auf den Werkzeugbruch wurden
auch Preßbüchsen eingesetzt, die nur geschliffen bzw. von einem Industriebetrieb (mit dem entsprechenden Know-How bei der Oberflächenfeinbearbei-

tung von Umformwerkzeugen) "optimal" geläppt und poliert waren (Tabelle 1 Anhang). Nach dem Schleifen wurde eine gemittelte Rauhtiefe $1\mu m < R_{zDIN} < 2,5\mu m$ gemessen. Das Läppen mit dem profilierten Gußdorn (Borkarbid K 600) und anschließendes Polieren mit dem wattebeschichteten Hartholz (Diamantpaste der Körnung 7μm) ergab eine Oberfläche mit einer gemittelten Rauhtiefe $R_{zDIN} < 0,3\mu m$.

Die REM-Aufnahmen in Bild 18 zeigen den Einfluß der Oberflächenfeinbearbeitung auf die Werkzeugoberfläche im Radienbereich der Werkzeuge. Augenfällig ist in allen Fällen die Verschlechterung der Werkzeugoberfläche am Übergangsradius zur Schulter.

Im Bereich der zu erwartenden Rißeinleitung sind die Schleifriefen stark ausgeprägt. Dies ist eine Folge der an dieser Stelle nur in Umfangsrichtung möglichen Schleifbearbeitung. In Richtung zum zylindrischen Preßbüchsenteil wird die Oberfläche besser, da der Schleifsteinrotation zusätzlich eine oszillierende Bewegung in Werkzeuglängsrichtung überlagert werden kann (Bild 17). Die in Bild 18 angegebenen Oberflächenqualitäten sind für den Übergangsradius selbst zu niedrig, da die Taststrecke - meßtechnisch bedingt - im zylindrischen Teil der Preßbüchse mit der besseren Oberfläche lag. Aufgrund der Aufnahmen erscheint jedoch eine qualitative Übertragung der Meßergebnisse in den Übergangsradius möglich.

Zu einer offensichtlichen Verbesserung der Oberflächenbeschaffenheit kommt es durch das Polieren. Die Schleifriefen werden zunehmend geglättet. Besonders günstig schneidet die erwähnte Oberflächenfeinbearbeitung in einem Industriebetrieb ab. Das Läppen mit einem spreizbaren Gußdorn und das nachfolgende Polieren führt zu einer weitgehenden (wenn auch nicht vollständigen) Beseitigung der Schleifriefen, wobei nur Mikrokerben zurückbleiben. Der optische Vergleich der polierten Oberflächen in Bild 18 legt die Vermutung nahe, daß der gemessene Unterschied im Bereich des Übergangsradius zu klein ist.

Auffallend ist bei den polierten Oberflächen (besonders nach der Feinbearbeitung in der Industrie), daß viele der koagulierten Sekundärkarbide vom Typ M_7C_3 aus der Oberfläche ausgebrochen sind. Dies ist auf den im Vergleich zu den gröberen Karbiden gleichen Typs verringerten Widerstand dieser Karbide gegenüber dem Ausbrechen unter der abrasiven

Additional material from *Untersuchung des Werkzeugbruches beim Voll-Vorwärts- Fließpressen*
ISBN 978-3-540-18376-1 (978-3-540-18376-1_OSFO1),
is available at http://extras.springer.com

Wirkung der Läppkörner zurückzuführen. Die geringe Größe der Sekundärkarbide und ihre rundliche Form wirken sich nachteilig aus, da die Verankerung in der gehärteten Grundmatrix schlechter ist als bei den großen, eckigen Primärkarbiden /40 bis 43, 63/.

4.4.3 <u>Versuchsanlage</u>

Bis jetzt ist kein allen Anforderungen genügendes Prüfverfahren bekannt, das eine Übertragbarkeit des an Proben ermittelten Werkstoffverhaltens auf das Bauteilverhalten im Betrieb gewährleistet /97, 98/. Um die Anwendbarkeit von Ergebnissen in der Praxis zu gewährleisten, ist es im Hinblick auf die komplexen Einflüsse auf den Werkzeugbruch beim VVFP erforderlich, neben Laborversuchen auch Standmengenversuche unter fertigungsähnlichen Bedingungen durchzuführen.

Da die Werkzeuglebensdauer bis zum vollständigen Ermüdungsbruch ermittelt werden sollte, mußten trotz der "bruchbegünstigenden" Werkzeugkonstruktion hohe Werkstückzahlen gefertigt werden. Daher wurde der Versuchsablauf automatisiert (Bild 19).

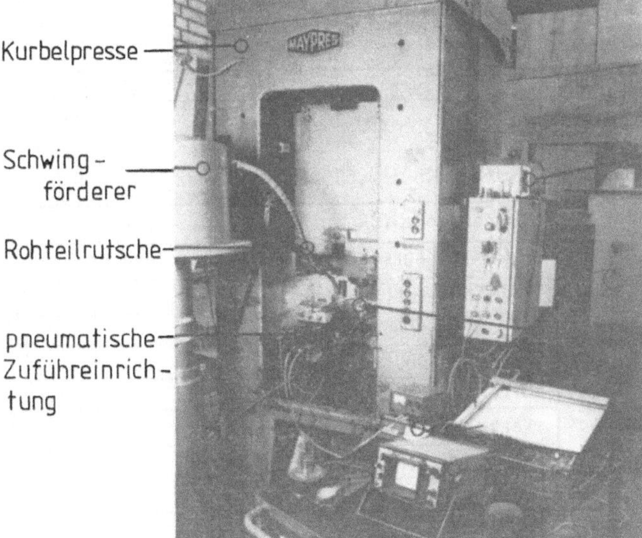

Bild 19: Aufbau der Versuchsanlage.

Die Standmengenversuche wurden auf einer doppelständrigen Kurbelpresse (MAYPRESS, Typ MKR 2-200/40) mit 2000 kN Nennkraft durchgeführt (Bild 19). Bei der Maschinenhubzahl n_k = 28 min^{-1} errechnete sich die Stempelauftreffgeschwindigkeit aus dem Kraft-Weg-Verlauf zu V_{St} = 130 mm/s.

Die gescherten und beseiften Rohteile (siehe Abschnitt 4.4.4) wurden in einen Schwingförderer eingefüllt, dort über eine Sortierweiche in eine definierte Lage gebracht und über eine Rutsche der pneumatisch betätigten Zuführeinrichtung übergeben. Die Koordination zur Stempelbewegung erfolgte in Abhängigkeit von der Winkelstellung der Maschinenantriebswelle über ein programmierbares Schaltwerk. Nach dem Umformvorgang wurde das Werkstück mit einer Schaftlänge von 30 mm aus der Preßbüchse ausgestoßen und aus dem Werkzeugraum ausgeblasen.

4.4.4 Werkstückwerkstoff

Zur Standmengenuntersuchung der VVFP-Werkzeuge wurde der niedriglegierte Einsatzstahl 15 Cr 3 mit der Werkstoffnummer 1.7015 verpreßt (siehe Tabelle 2 und Bild 20). Dieser Werkstoff wird wegen seines hohen Karbidanteiles zur Herstellung von Teilen erhöhter Anforderung an die "Beanspruchbarkeit" und den Verschleißwiderstand verwendet /99/.

W E R K S T O F F:	15 Cr 3; gewalzt, weichgeglüht, nachgezogen						
Legierungselemente (lt. Werkszeugnis) in Gew.-%	C	Si	Mn	P	S	Cr	Al
	0,16	0,16	0,59	0,012	0,032	0,7	0,04
mechanische Eigenschaften	Zugfestigkeit R_m					N/mm²	593
	0,2-% Dehngrenze $R_{p0,2}$					N/mm²	585
	Streckgrenzenverhältnis $R_{p0,2}/R_m$					-	0,98
	Gleichmaßdehnung A_g					%	5
	Bruchdehnung A_5					%	17
	Brucheinschnürung Z					%	66
	Kerbschlagarbeit (ISO-V) A_v					Nm	20
	Härte HB 2,5/187,5					-	173
	Verfestigungsexponent n					-	0,08

Tabelle 2: Chemische Zusammensetzung und mechanische Kennwerte des Stahles 15 Cr 3 (Mittel aus fünf Meßwerten, ermittelt nach /69,70,71/).

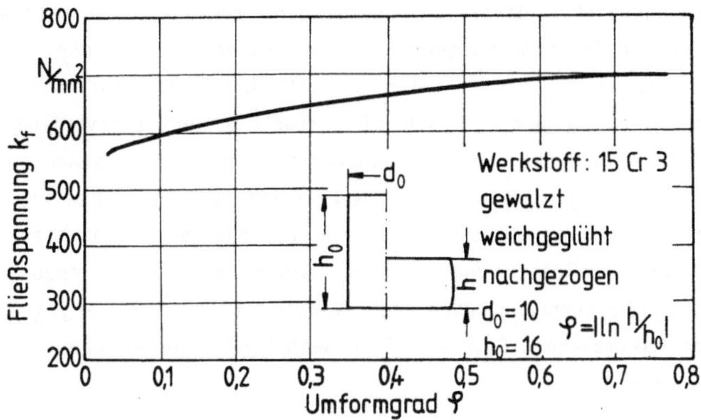

Bild 20: Fließkurve des niedriglegierten Einsatzstahles 15 Cr 3 (Werkstückwerkstoff).

Bild 21 zeigt die Gefügeausbildung von 15 Cr 3 im vorliegenden Lieferzustand, der wie folgt entstand: Nach dem Drahtwalzen ($\varnothing$ 18 mm) wurde
weichgeglüht, um den Zementit kugelig einzuformen und anschließend auf den
vorliegenden Durchmesser von 17 mm nachgezogen ($\varepsilon_A = -11\%$). Vom Drahtbund
erfolgte das Scheren auf eine Rohteillänge von 20 mm.

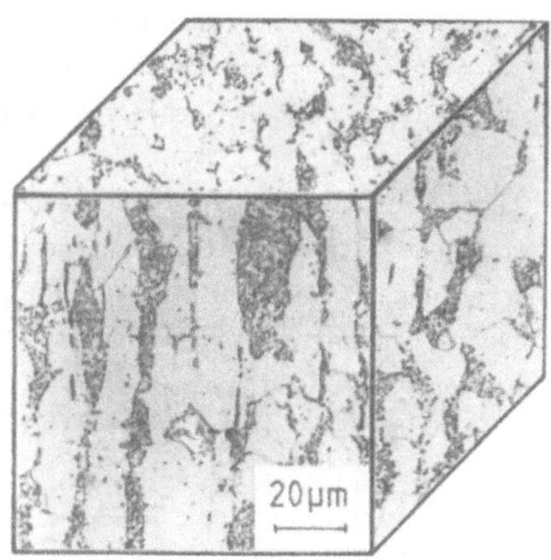

Bild 21: Gefügeausbildung von 15 Cr 3. Geätzt mit 0,5%-iger alkoholischer
HNO_3.

Bei der Glühung des Drahtes werden Zementitlamellen kugelförmig einge-
formt, die das plastische Fließen beim Umformvorgang nur wenig behindern

/99/. Das Nachziehen dient der Beseitigung der nach dem Walzen relativ großen Durchmesserschwankungen und der rauhen Oberfläche. Die Querschnittsabnahme von ε_A = -11% lag oberhalb der Empfehlung in /99/ mit ε_A = -5% bis -8% und hatte somit eine stärkere Werkstoffverfestigung zur Folge. Trotzdem war das Formänderungsvermögen im Lieferzustand ausreichend für die Fertigung einwandfreier Werkstücke bei gleichzeitig erhöhter Werkzeugbeanspruchung. Dies war im Hinblick auf den gewünschten Werkzeugbruch bei wirtschaftlich vertretbarem Aufwand als Vorteil anzusehen. Eine überschlägige Berechnung nach dem Vorschlag in /29/ ergab mit einer gemessenen Maximalkraft F_{max} = 390 kN beim VVFP einen Werkzeuginnendruck p_i = 1035 N/mm².

Vor dem Fließpressen wurde eine Zinkphosphatschicht als Schmierstoffträger auf die Rohteile aufgebracht und anschließend mit Bonderlube beseift (Tabelle 2 im Anhang).

4.4.5 Erfassung des Werkzeugversagens

Die Versagensfälle Bruch und Verschleiß legen die Werkzeuglebensdauer fest. Während der Werkzeugbruch eine weitere Produktion verhindert, beeinflußt der Verschleiß kontinuierlich die Maßhaltigkeit und Oberflächenbeschaffenheit der Werkstücke. Zur Erfassung der Werkzeugdefekte in Abhängigkeit von der Wärmebehandlung der Preßbüchsen wurden während der Standmengenversuche verschiedene Prüf- und Meßverfahren eingesetzt.

Wegen der bei den Ermüdungsversuchen der Werkzeuge zu erwartenden Lebensdauerschwankungen (siehe auch Abschnitt 1) wurden je Wärmebehandlung und Oberflächenfeinbearbeitung mindestens 7 Werkzeuge geprüft. Damit war eine statistisch gesicherte Ergebnisauswertung bei den VVFP-Werkzeugen in Anlehnung an /94/ (für Laborproben) möglich.

4.4.5.1 Werkzeugbruch

Im Hinblick auf einen optimierten Fertigungsablauf, sowohl hinsichtlich der Fertigungs- und Einrichtzeiten, als auch der Produktionsablaufüberwachung, werden in der Massivumformung zunehmend elektronische Überwachungssysteme eingesetzt /100, 101/. Diese Systeme arbeiten auf der Basis von Kraftmessungen (Soll-Ist-Wert-Vergleich) und bieten einen wirksamen

Schutz von Maschine und Werkzeug vor Überlastung und Bruch. Von einer erhöhten Fertigungssicherheit im Sinne eines vorhersehbaren und somit rechtzeitig vorzubereitenden Werkzeugwechsels kann allerdings nur bei allmählicher Kraftänderung (Werkzeugverschleiß) gesprochen werden.

Der unbefriedigende Zustand (weil nicht kalkulierbar) im Hinblick auf den Ermüdungsbruch bestimmt die Forderung an künftige Überwachungssysteme. Diese sollten den Beginn des Werkzeugversagens (Rißeinleitung) erfassen und das Verhalten der Fehlergröße während der Fertigung weiterverfolgen. Diese Forderung erscheint sinnvoll, weil mit rißbehafteten Werkzeugen durchaus einwandfreie Werkstücke gefertigt werden können und die Standmengengrenze erst später (evtl. erst beim vollständigen Versagen durch Bruch) erreicht wird.

Die Wirtschaftlichkeit des Umformverfahrens würde durch ein derartiges Überwachungssystem in zweifacher Hinsicht verbessert. So könnte die Produktionsreserve im bereits geschädigten Werkzeug bis zu einer vorgegebenen Grenze ausgenützt werden. Eine erhöhte Fertigungssicherheit durch reduzierte Stillstandszeiten wird ermöglicht durch das absehbare Ende der Werkzeuglebensdauer beim Erreichen eines kritischen Zustandes im Werkzeug.

Die zerstörungsfreien Prüfverfahren, die erstmals in der Umformtechnik im Rahmen dieser Arbeit zur Werkzeugüberwachung eingesetzt wurden, arbeiten auf der Basis von Wirbelstrom und Ultraschall. Beide Verfahren zusammen erfüllen die zuvor gestellten Forderungen an zukünftige Überwachungssysteme. Sie ermöglichen eine Werkzeugüberwachung bei in der Maschine eingebautem Werkzeug. Nachteilig ist die für den Prüfvorgang notwendige Unterbrechung der kontinuierlichen Fertigung, mit der Folge von Temperaturschwankungen im VVFP-Werkzeug.

4.4.5.1.1 **Wirbelstromprüfung**

Die Rißeinleitung wurde mit einem Förster Defektometer H 2835, das auf magnetinduktiver Basis arbeitet, erfaßt. Dazu wurden die Preßbüchsen in regelmäßigen Abständen (bezogen auf die Zahl gefertigter Werkstücke) mit einer selbstgebauten Acrylglassonde, in die ein käuflicher Sondenbausatz eingebaut war, im kritischen Radienbereich in Umfangsrichtung geprüft

(Bild 22). Der Sondenantrieb erfolgte mit einem Getriebe-Elektromotor, das Prüfsignal der Rißtiefe wurde auf einen X-Y-Schreiber geleitet und aufgezeichnet. Die über dem Umfang nahezu konstante Rißtiefe wurde durch Planimetrieren der Fläche und nachfolgende Mittelwertbildung aus je 2 Prüfzyklen ermittelt.

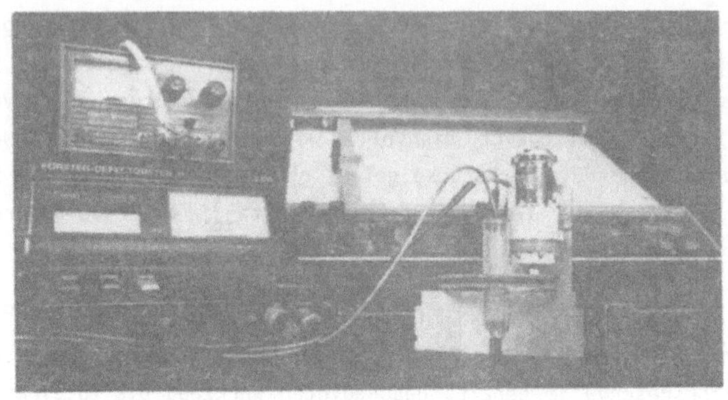

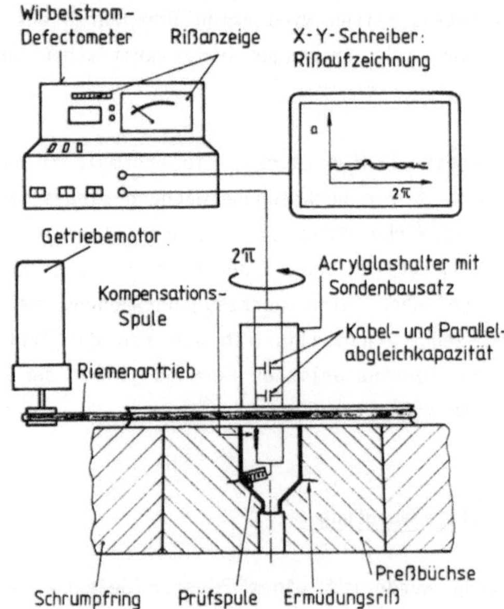

Bild 22: Wirbelstromprüfung von VVFP-Werkzeugen zur Erfassung der Rißeinleitung.

Nach Herstellerangaben bewirken Risse bis 0,7 mm Tiefe in der Prüfteil-
oberfläche eine tiefenproportionale Anzeige (bei größeren Rißtiefen steigt
die Anzeige nichtlinear). Die Fehlerauflösung reicht bis etwa 20 μm. Für
die Kalibrierung der Prüfempfindlichkeit stand eine Platte mit 0,2 mm,
0,5 mm und 1 mm tiefen Testrissen zur Verfügung. Mit ihrer Hilfe wurde ein
Gerätevollausschlag bei 0,7 mm Rißtiefe eingestellt. Wegen des starken
Einflusses des Luftspaltes zwischen Riß und Prüfspule sowie der Verhältnisse in der Umgebung des Risses (Schmierstoffreste, Werkzeugausbrüche im
Radienbereich) auf das Meßergebnis ergab sich eine Meßunsicherheit von
± 0,05 mm bis ± 0,15 mm. Aufgrund der meßtechnischen Grenze des Gerätes
wurde bei Rißtiefen über 0,7 mm das weitere Rißwachstum in Umfangsrichtung
mit Ultraschall verfolgt.

4.4.5.1.2 Ultraschallprüfung

Das eigentliche Hauptgebiet der Ultraschallprüfung ist die Suche nach
Fehlstellen und die Bewertung der Fehlergröße. Beim vorliegenden Prüfproblem war eine quantitative Rißtiefenbestimmung durch eine schienengeführ-
te, radiale Prüfkopfverschiebung - stirnseitig auf der Preßbüchse -
möglich (Bild 23).

Zur Werkzeugüberwachung wurde ein Ultraschallgerät (Krautkrämer USM 2[*]),
das nach der Impuls-Echo-Methode betrieben wurde, eingesetzt. Nach der mit
Wirbelstrom erfaßten Rißeinleitung bis 0,7 mm wurde das Rißwachstum in
regelmäßigen Abständen gefertigter Werkstücke durch Einschallen in die
Preßbüchse mit einem Normalprüfkopf (Krautkrämer H 10 M[*], Eigenfrequenz
10 MHz) verfolgt. Zur akustischen Ankopplung des Prüfkopfes diente eine
Universalkoppelpaste (Fabr. Krautkrämer).

Neben dem Sendeimpuls kommen nach dessen Durchlauf durch die Preßbüchse
zur Rückwand bzw. Rißfläche Echos am Leuchtschirm zur Anzeige. Beim
Auftreten eines Zwischenechos in einer Werkzeugtiefe von 25 mm (am
Ultraschallgerät eingestellt über die Spreizung der Echoabstände) wurde
mit dem Prüfkopf gegen eine Meßuhr bis zur Amplitudenabnahme auf etwa ein
Zehntel ihres Maximalwertes radial verfahren und die Rißtiefe abgelesen
(Bild 23). Der Prüfvorgang entspricht dem in /102/ angegebenen Verfahren
bei einer Meßunsicherheit von ± 0,8 mm. Beim vorliegenden Prüfproblem ist

[*]Materialprüfungsanstalt, Stuttgart

die Genauigkeit der Ultraschallmethode ausreichend, wie anhand der Rastlinien (vor dem Restgewaltbruch) nach dem Bruch nachgewiesen werden konnte. Je Rißtiefenmessung wurde an zwei sich gegenüberliegenden Stellen der Preßbüchsen gemessen und ein Mittelwert gebildet. Diese Vorgehensweise ist zulässig, da sich der Riß nahezu konzentrisch radial ausbreitet.

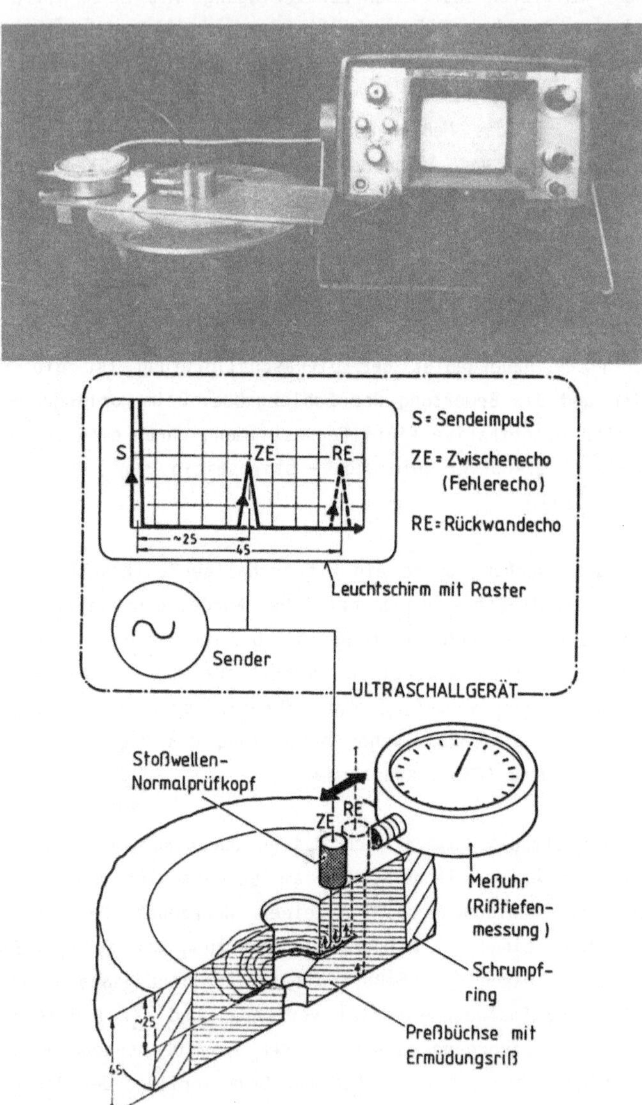

Bild 23: Ultraschallprüfung von VVFP-Werkzeugen zur Erfassung der Rißausbreitung.

4.4.5.2 Werkzeugverschleiß

Der Werkzeugverschleiß wirkt sich durch Abbildung der Oberflächentopologie auf die Maßhaltigkeit und Oberflächenbeschaffenheit der Werkstücke aus, mit der Folge verminderter Gebrauchseigenschaften. Der Verschleiß der Preßbüchsen als Systemeigenschaft war während der automatisierten Fertigung am Werkzeug nicht direkt zu verfolgen. Der Verschleißzustand der Werkzeuge wurde deshalb über die Veränderung der Maßhaltigkeit und Oberflächenbeschaffenheit der Fließpreßteile beurteilt. Die verschleißbedingte Zunahme des Kalibrierdurchmessers am Werkzeug als maßgebender Werkzeugbereich wurde anhand der Schaftdurchmesseränderung der Werkstücke verfolgt; die verschleißbedingte Oberflächenveränderung der Kalibrierzone über die Werkstückoberfläche.

Während der Fertigung wurden in regelmäßigen Abständen 3 Fließpreßteile entnommen und gereinigt, bei der halben Schaftlänge je 3 Messungen durchgeführt und das Ergebnis als Mittelwert angegeben. Die Messung des Schaftdurchmessers erfolgte mit einem Außenmikrometer (Meßfehler $\pm$ 0,005 mm). Der Oberflächenkennwert der gemittelten Rauhtiefe R_{zDIN} wurde nach DIN 4768 /103/ erfaßt (Oberflächenmeß- und Auswertegerät Typ HOMMEL TESTER T 20 S). Die Taststrecke verlief in Umfangsrichtung senkrecht zu den axialen Verschleißriefen.

5 WÄRMEBEHANDLUNG UND GEFÜGEANANLYSE DES WERKZEUGSTAHLES

5.1 ERMITTLUNG DES HÄRTE- UND ANLASSVERHALTENS

5.1.1 Werkstoffeigenschaften und Gefüge nach dem Härten

Zwischen Härte und Restaustenitgehalt (ermittelt nach der röntgenographischen Phasenstrukturanalyse[*])) besteht in Abhängigkeit von der Härtetemperatur ein gegenläufiges Verhalten (Bild 24). Die Härte (Ansprunghärte)
durchläuft bei einer Austenitisierungstemperatur ϑ_H = 1040°C ein flaches
Maximum und fällt anschließend bei weiter steigenden Temperaturen ab. Der
Restaustenitgehalt nimmt mit steigenden Härtetemperaturen überproportional
zu.

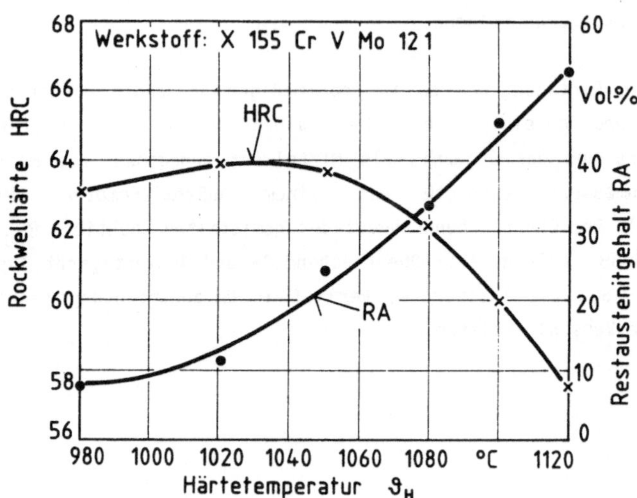

Bild 24: Veränderung der Härte und des Restaustenitgehaltes durch die
Härtetemperatur.

Die Ursachen für dieses Verhalten sind die im Werkstoff ablaufenden
Gefügeänderungen. Bei der Härtetemperatur besteht das Gefüge aus Austenit
und eingelagerten Karbiden des Typs M_7C_3 (vgl. Bild 8). Mit zunehmender
Temperatur wird der austenitischen Grundmasse Kohlenstoff aus den

[*])Institut für Werkstoffkunde I, Karlsruhe

Glühkarbiden zugeführt /59, 63, 72, 75/. Dadurch wird die Härtbarkeit, wie die ansteigende Härte zeigt, verbessert. Diesem Vorgang wird ein gegenläufiger überlagert, der sich in der anteilmäßigen Zunahme des Restaustenitgehaltes und einem damit verbundenen Härteabfall äußert. In der martensitischen Grundmatrix (Plattenmartensit) sind nach dem Härten vermehrt weiche Restaustenitanteile enthalten.

Für die veränderte Zusammensetzung des Härtegefüges (Martensit, Restaustenit, Karbide) ist der Einfluß der Legierungselemente auf das Umwandlungsverhalten des Austenits maßgeblich. Bei niedrigen Härtetemperaturen ist der Austenit legierungsarm und die M_s-(Martensitstart-)Temperatur liegt hoch. Bei höheren Temperaturen wird der legierungsreichere Austenit zunehmend umwandlungsträge, und die M_s-Temperatur wird zu tieferen Temperaturen verschoben (Bild 25); eine vollständige Austenitumwandlung ist damit nicht mehr zu erreichen, da gleichzeitig die M_f-(Martensitfinish-)Temperatur auf Werte unterhalb Raumtemperatur absinkt /104/. Aus diesem Grund sinkt die Härte ab $\vartheta_H \approx 1040°C$ kontinuierlich bis auf etwa 57 HRC bei gleichzeitigem Anstieg des Restaustenitgehaltes auf über 50 Vol-% (Bild 24).

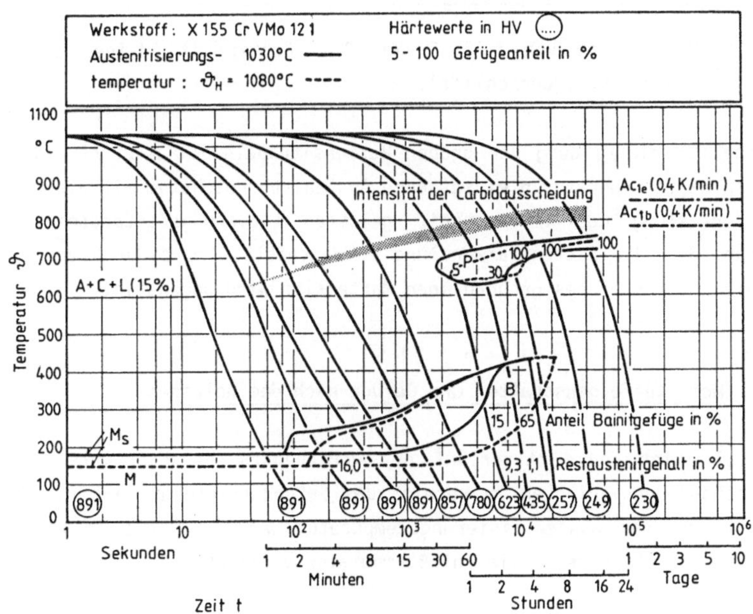

Bild 25: Einfluß der Austenitisierungs-(Härte-)temperatur auf die M_s-Temperatur im kontinuierlichen Zeit-Temperatur-Umwandlungsschaubild (nach /80/).

In Bild 26 erkennt man den mit zunehmender Härtetemperatur abnehmenden
Anteil feinkörniger Glühkarbide und gröbere Martensitnadeln, während die
groben Primärkarbide von der Härtetemperatur weitgehend unbeeinflußt
bleiben.

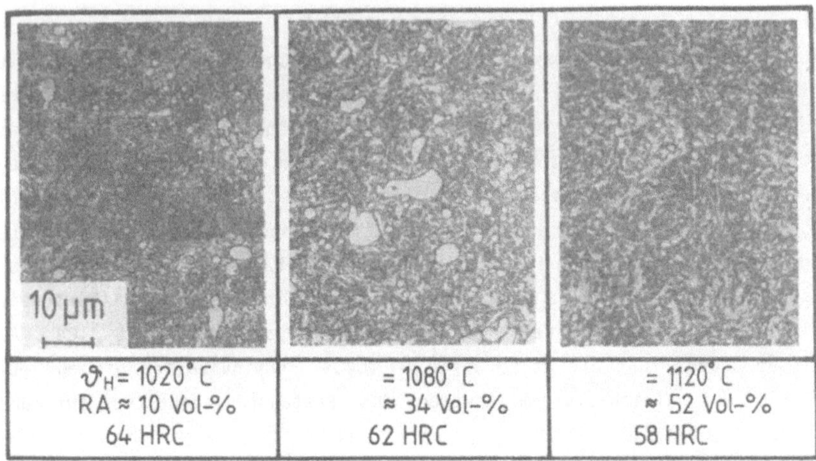

Bild 26: Härtegefüge von X 155 CrVMo 12 1. Geätzt mit 5%-iger alkoholischer HNO_3 (Querschliff).

Ursache für die Bildung der groben Martensitnadeln ist nach /72/ das bei
höheren Härtetemperaturen einsetzende Austenitkornwachstum mit gleichmäßiger Verteilung der im Austenit gelösten Legierungsbestandteile. Die
Keimzahl für die Austenitumwandlung im Martensit wird dadurch vermindert
und die Entstehung des grobnadligen Martensits wird begünstigt.

5.1.2 Werkstoffeigenschaften und Gefüge nach dem Anlassen

Bild 27 zeigt den Härteverlauf des Werkzeugstahles nach verschiedenen
Wärmebehandlungsvarianten im Bereich des Sekundärhärtemaximums. In Abhängigkeit von der Austenitisierungstemperatur wurde auf die in Abschnitt
4.2.3 beschriebene Weise die Anlaßtemperatur variiert.

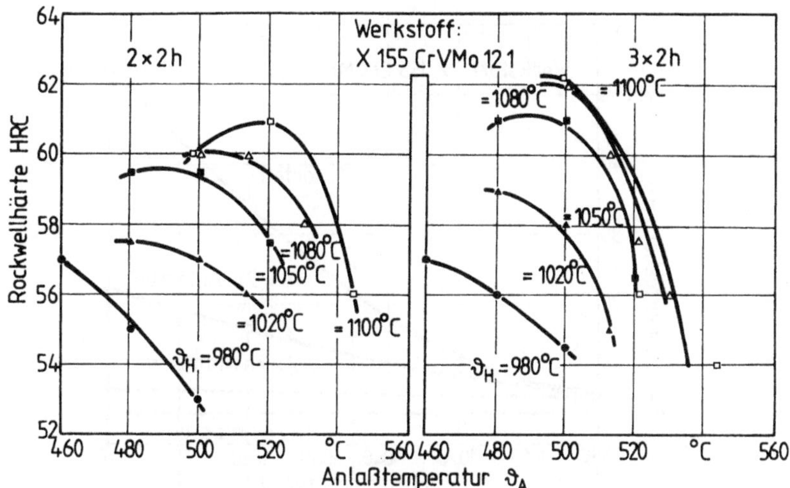

Bild 27: Veränderung des Anlaßverhaltens von X 155 CrVMo 12 1 durch mehrmaliges Anlassen im Bereich des Sekundärhärtemaximums.

Über die Sonderwärmebehandlung konnte eine maximale Härte von ungefähr 62 HRC nach dreimaligem Anlassen eingestellt werden, wenn von hohen Austenitisierungstemperaturen gehärtet wurde. Mit zunehmender Härtetemperatur verschiebt sich das Sekundärhärtemaximum zu höheren Anlaßtemperaturen. Wird der Stahl von vergleichsweise niedrigen Temperaturen um 1000°C gehärtet, so fällt die Härte im untersuchten Anlaßtemperaturbereich monoton ab. Nach dem Härten von hohen Temperaturen steigt die Härte mit zunehmenden Anlaßtemperaturen auf ein Maximum und fällt anschließend steil ab. Als Voraussetzung zur Erzielung höchster Härtewerte im Bereich des Sekundärhärtemaximums kann das Härten von hohen Austenitisierungstemperaturen um 1100°C angegeben werden, mit anschließendem mehrmaligen Anlassen.

Die anteilmäßige Veränderung des Restaustenitgehaltes durch mehrmaliges Anlassen ist in Bild 28 dargestellt. Durch wiederholtes Anlassen läßt sich der Restaustenitgehalt bis unter die Nachweisgrenze von 5 Vol-% vermindern.

Die Restaustenitgehalte sind auf die Werkstoffmatrix (Martensit, Austenit) ohne die Karbide vom Typ M_7C_3 bezogen.

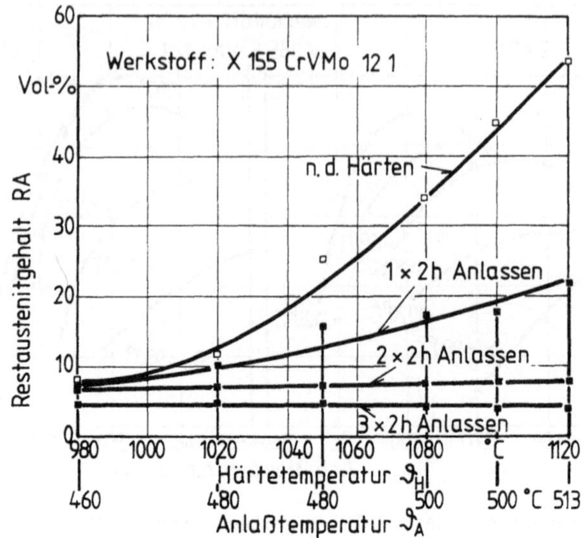

Bild 28: Abnahme des Restaustenitgehaltes durch mehrmaliges Anlassen.

Die bei der Anlaßbehandlung im Werkstoff ablaufenden Gefügeänderungen sind in Bild 29 schematisch dargestellt. Es werden vier Anlaßstufen mit fließendem Übergang unterschieden /72, 105/.

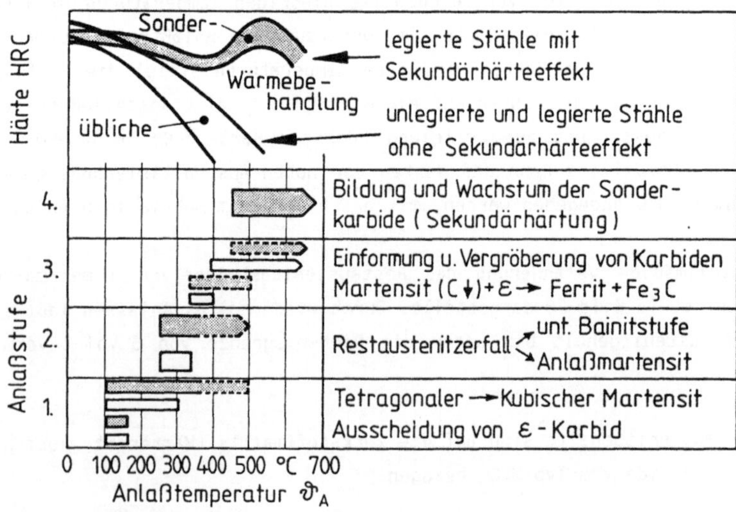

Bild 29: Gefügeänderungen beim Anlassen sekundärhärtender Stähle (nach /105/).

Wird nach dem Härten das Gefüge erwärmt, so können die Kohlenstoffatome des Martensits wegen ihrer höheren Beweglichkeit auf Oktaederlücken diffundieren. Mit steigender Temperatur geht die tetragonale Verzerrung des Martensits zurück, allmählich bildet sich der kubische Martensit. Der überschüssige Kohlenstoff wird in Form winziger submikroskopischer ε-Karbide (Fe_2C) ausgeschieden (1. Anlaßstufe). Bei weiterer Erwärmung wird die Stabilisierung des Restaustenits aufgehoben, und es kann infolge der Anhebung der M_s-Temperatur beim nachfolgenden Abkühlen eine weitere Martensitbildung erreicht werden (2. Anlaßstufe). Durch die Legierungselemente im Werkzeugstahl X 155 CrVMo 12 1 ist dieser Zerfall des Restaustenits zu vergleichsweise hohen Anlaßtemperaturen verschoben. In der 3. Anlaßstufe geht das ε-Karbid in Eisenkarbid Fe_3C über. Bis zu dieser Stufe bewirken die Gefügeänderungen (verglichen mit Stählen ohne Sekundärhärteeffekt) nur eine schwache Martensitentfestigung. Die Härte fällt mit steigender Anlaßtemperatur vergleichsweise schwach ab, da die karbidbildenden Elemente stabilisierend wirken. Zu einem Anstieg der Härte kommt es bei den sekundärhärtenden Stählen (X 155 CrVMo 12 1) in der 4. Anlaßstufe durch Ausscheidung von M_7C_3-Sonderkarbiden: diese entstehen durch Neubildung oder durch Auflösung von Zementitteilchen /106/. Der durch die Ausscheidungen bewirkte Verfestigungseffekt übersteigt die vorangegangene Martensitentfestigung, und die Härte steigt zum Sekundärhärtemaximum an. Je nach Austenitisierungsbedingungen kann der sekundäre Härteanstieg über die primäre Ansprunghärte nach dem Abschrecken erfolgen (vgl. Bild 24 mit Bild 27). Ein mehrmaliges Anlassen nach dem Härten bewirkt eine fortschreitende Abnahme des Restaustenitgehaltes durch neugebildeten Martensit, wobei dieser durch ein zweites bzw. drittes Anlassen entspannt wird.

Bild 30 zeigt verschiedene Anlaßgefüge und ihre Veränderung durch mehrmaliges Anlassen. Im Härtetemperaturbereich der üblichen Wärmebehandlung von X 155 CrVMo 12 1 unterhalb 1050°C sind kaum Gefügeveränderungen beim Anlassen zu erkennen. Dafür verantwortlich ist der im Vergleich zu höheren Härtetemperaturen geringe Anteil des in Martensit beim Anlassen umwandelbaren Restaustenits im Härtegefüge. Bei den hohen Härtetemperaturen bildet sich in zunehmendem Maße durch den Zerfall des an Legierungselementen verarmten Restaustenits beim Abkühlen Anlaßmartensit. Dieser läßt sich infolge der Karbidausscheidungen zunehmend besser anätzen. Die härtesteigernden Chromsonderkarbide sind in den Bildern nicht sichtbar, da sie lichtmikroskopisch nicht nachzuweisen sind /63/.

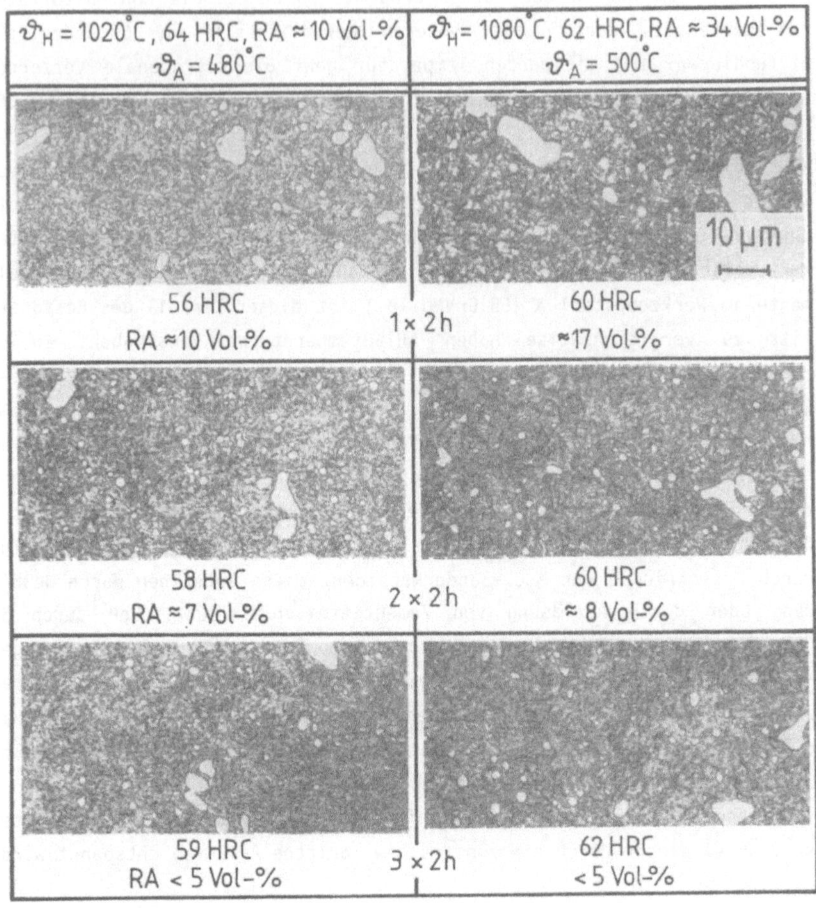

Bild 30: Anlaßgefüge von X 155 CrVMo 12 1. Geätzt mit 5%-iger HNO_3 (Querschliff).

5.2 AUSGEWÄHLTE WÄRMEBEHANDLUNGSZUSTÄNDE

Zur Auswahl von vier Wärmebehandlungen für die Labor- und Standmengenversuche konnte auf die in der Voruntersuchung des Härte- und Anlaßverhaltens von X 155CrVMo 12 1 bestimmten exakten Daten zurückgegriffen werden. Sie sind allerdings werkstoffspezifisch und lassen sich nicht ohne weiteres auf andere Chargen übertragen.

Nach einer Umfrage bei Fließpreßbetrieben und Härtereien wurden die Wärmebehandlungen in dem praxisüblichen Härtebereich der Preßbüchsen zwischen 56 HRC und 62 HRC gewählt (nach Sekundärhärtung). Das Härten erfolgte von einer Austenitisierungstemperatur ϑ_H = 1080°C (in den Härtereien üblich). Betriebsnahe dreifache Anlaßbehandlungen (vgl. Bild 12) bei ϑ_A = 500°C, 520°C und 530°C ergaben Härtewerte von 62 HRC, 58 HRC und 56 HRC, bei einem Restaustenitgehalt unter 5 Vol-% (Bild 31). Ein einmaliges Anlassen bei ϑ_A = 500°C mit einer Härte von 60 HRC wurde als vierte Wärmebehandlung gewählt. Mit dieser Variante sollte geklärt werden, wie sich ein auf 20 Vol-% erhöhter Restaustenitgehalt (der bei Praktikern gefürchtet ist) auf das Bruch- (und Verschleiß-)verhalten der VVFP-Werkzeuge auswirkt.

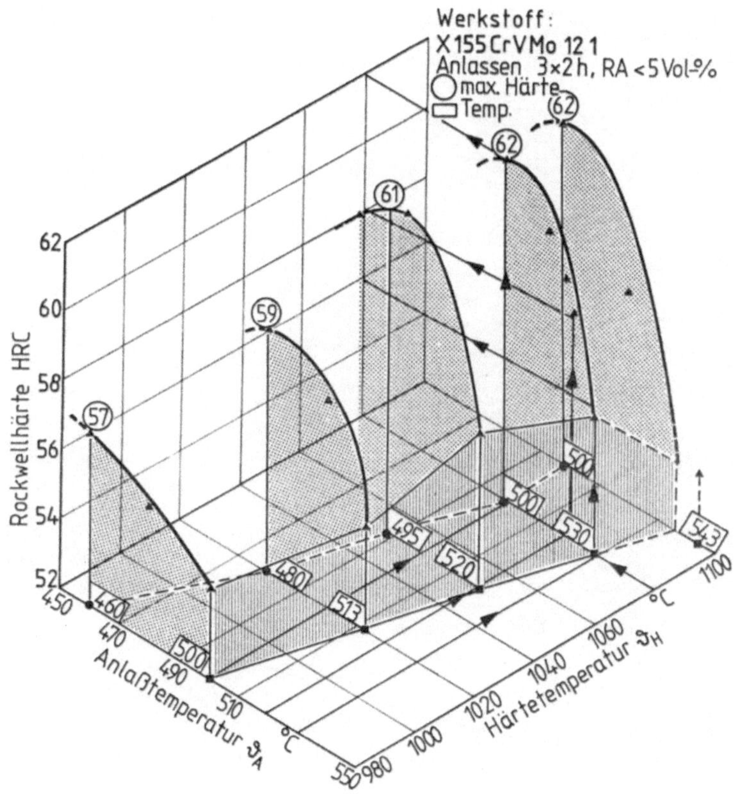

Bild 31: Anlaßverhalten von X 155 CrVMo 12 1 in Abhängigkeit von der Härtetemperatur.

Im Hinblick auf die gewählten Wärmebehandlungen auf 56 HRC, 58 HRC und 62 HRC, mit Anlaßtemperaturen im Sekundärhärtemaximum und bis zu 30°C darüber, kann aufgrund von Literaturangaben davon ausgegangen werden, daß eine optimale Eigenschaftskombination (Festigkeit, Zähigkeit) getroffen wurde /59, 83/. Wie sich die Unterschiede der mechanischen Eigenschaften auf den Bruch auswirkten, galt es anhand der Labor- und Standmengenversuche zu klären.

Zu beachten ist dabei, daß direkt nur Ergebnisse der gleichartigen Wärmebehandlungen auf 56 HRC, 58 HRC und 62 HRC vergleichbar sind. Die Wärmebehandlung auf 60 HRC mit dem erhöhten Restaustenitgehalt nimmt aufgrund des andersartigen Wärmebehandlungszyklus eine Sonderstellung ein.

6 ERGEBNISSE DER LABORVERSUCHE

6.1 BIEGEVERSUCHE

Häufig dient dem Praktiker nach der Wärmebehandlung die Härte als alleinige Größe zur Beurteilung mechanischer Eigenschaften der Werkzeugstähle, wie z.B. der Festigkeit /57/. Die Ergebnisse der quasistatischen Dreipunktbiegeversuche zeigen jedoch, daß zwischen den Festigkeitswerten - der Biegefestigkeit R_{bB}, der Biegeelastizitätsgrenze R_b sowie der 0,01-% Biegegrenze $R_{b0,01}$ - und der Härte keine eindeutige Korrelation besteht (Bild 32 und 33). Die Härte allein ist demnach zur Beurteilung mechanischer Eigenschaften nach der Wärmebehandlung nicht geeignet.

Obwohl dieses Verhalten der beim Kaltfließpressen eingesetzten Kaltarbeits- und Schnellstähle seit langem bekannt ist, wird immer noch vorwiegend die Härte zur Beurteilung der mechanischen Eigenschaften herangezogen /51 ,54, 55, 57/. Diese Tatsache könnte mit ein Grund für die häufigen Werkzeugausfälle sein. Es ist erforderlich, nicht nur die Härte als Kriterium bei der Werkstoffauswahl und der Beurteilung der Wärmebehandlung heranzuziehen, sondern auch andere mechanische Eigenschaften (z.B. aus dem Biegeversuch), um für den jeweiligen Anwendungsfall optimale Eigenschaften zu gewährleisten.

Selbst ein qualitativer Zusammenhang zwischen Härte und Festigkeit besteht nach Angaben in /48/ nur dann, wenn die Brucheinleitung durch Schubspannungen erfolgt. Beim Kaltarbeitsstahl X 155 CrVMo 12 1 war diese Voraussetzung nicht erfüllt. In allen Fällen traten Normalspannungsbrüche mit einer Rißeinleitung senkrecht zur Probenlängsachse auf.

Der Vergleich der Biegefestigkeitswerte in Bild 32 zeigt, daß sich der erhöhte Restaustenitgehalt auch auf die Festigkeit auswirkt und im Vergleich zu den anderen Wärmebehandlungszuständen den niedrigsten Wert ergibt. Über diesen Einfluß des Restaustenits auf die Biegefestigkeit und Biegefließgrenze wurde schon in /63, 107/ berichtet.

Anhand röntgenographischen Messungen wurde nach den Biegeversuchen ein auf ungefähr 7 Vol-% verminderter Restaustenitgehalt (im Ausgangszustand ≈ 20 Vol-%) im Bereich der Rißeinleitung in der Zugfaser nachgewiesen.

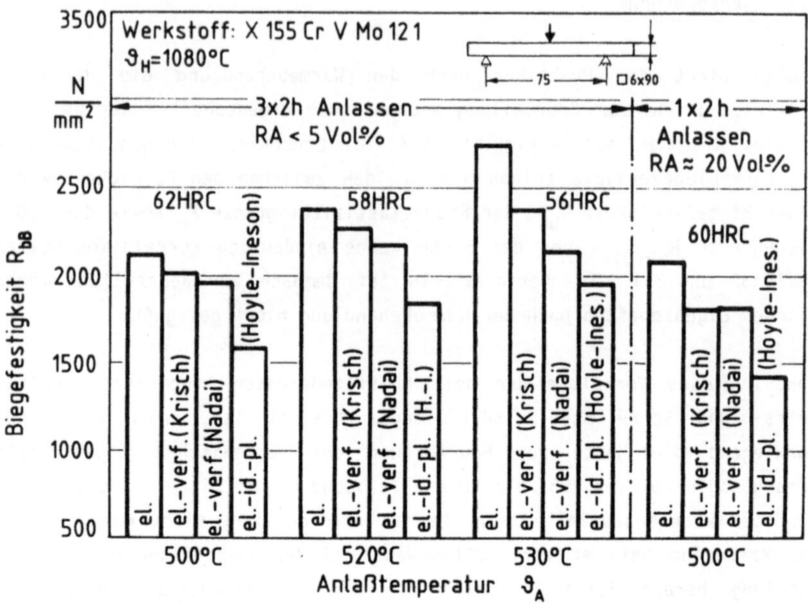

Bild 32: Veränderung der Biegefestigkeit durch die Wärmebehandlung (R_{bB} berechnet nach verschiedenen analytischen Ansätzen).

Ein Vergleich der Biegefließgrenzen (R_b bzw. $R_{b0,01}$) mit den Biegefestigkeitswerten in Abhängigkeit von der Wärmebehandlung zeigt, daß im Werkstoffzustand mit erhöhtem Restaustenitgehalt eine starke Verfestigung bis zum Bruch erfolgt (Bild 33). Dies hängt nach /108/ mit einer zugspannungsinduzierten Umwandlung des Restaustenits in Martensit zusammen. Die höchsten Biegefestigkeiten ergaben die Wärmebehandlungen auf 56 HRC und 58 HRC.

Die niedrigste Biegefließgrenze wurde im Wärmebehandlungszustand mit 60 HRC und dem erhöhten Restaustenitgehalt ermittelt. Bei den vergleichbaren Werkstoffzuständen mit 62 HRC, 58 HRC und 56 HRC liegt die Biegefließgrenze bei 62 HRC am niedrigsten, bei 58 HRC am höchsten.

Wie zu erwarten, führt der vergleichsweise hohe Restaustenitgehalt zu einem hohen plastischen Biegearbeitsanteil. Diese hohe Zähigkeit müßte sich im Hinblick auf den Werkzeugbruch positiv auswirken, da Spannungsspitzen an Rissen durch plastische Deformation abgebaut werden. Die besten

Zähigkeitseigenschaften ergab jedoch die Wärmebehandlung auf 56 HRC, am sprödesten reagierten die Gefüge mit Härten von 62 HRC und 58 HRC. Die aufgrund ihrer Wärmebehandlung miteinander vergleichbaren Werkstoffzustände mit 62 HRC, 58 HRC und 56 HRC zeigen ein zu erwartendes Verhalten, d.h. mit zunehmender Härte sinkt die Zähigkeit bzw. nimmt die Sprödigkeit zu.

Eine allgemeingültige Erweiterung dieses Zusammenhanges auf Anlaßtemperaturen unterhalb des Sekundärhärtemaximums ist allerdings nicht zulässig /59, 109/.

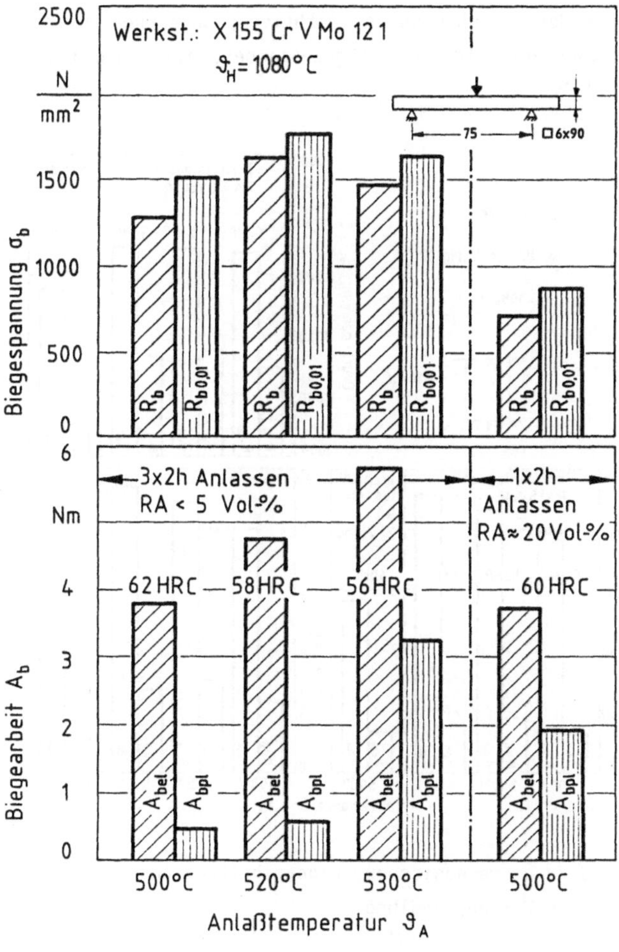

Bild 33: Veränderung mechanischer Eigenschaften aus dem Biegeversuch durch die Wärmebehandlung.

Zu beachten ist im Zusammenhang mit der Zähigkeit, ausgedrückt durch den Anteil der plastischen Biegearbiet, die Abhängigkeit von der Belastungsart und Probenform /59, 110/. Die plastische Biegearbeit bietet somit nur eine Vergleichsmöglichkeit der Gefügezustände im Hinblick auf das Formänderungsvermögen. Voraussetzung ist die Ermittlung der Zähigkeit an Proben gleicher Geometrie.

6.2 STAUCHVERSUCHE

Die Ergebnisse der Stauchversuche bestätigen, abgesehen von der Zähigkeit des hoch restaustenithaltigen Gefügezustandes, die Ergebnisse der Biegeversuche (Bild 34 und 35).

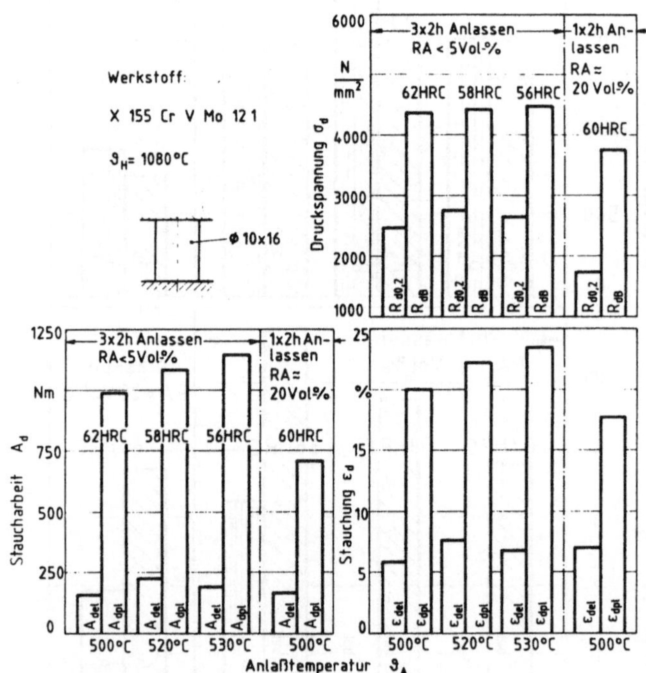

Bild 34: Veränderung mechanischer Eigenschaften aus dem Stauchversuch durch die Wärmebehandlung.

Unter Druckbeanspruchung wurde, ebenso wie unter Zugbeanspruchung, kein eindeutiger Zusammenhang zwischen der Härte und den Festigkeitswerten festgestellt. Im Hinblick auf die Zähigkeit, ausgedrückt durch den plastischen Anteil der Staucharbeit, war dies jedoch bei vergleichbaren Wärmebehandlungen im untersuchten Anlaßtemperaturbereich möglich: Mit zunehmender Härte nimmt die Zähigkeit zu (Bild 34).

Der erhöhte Restaustenitgehalt bewirkt, daß plastisches Fließen eher einsetzt als dies nach den Wärmebehandlungen auf 62 HRC, 58 HRC und 56 HRC der Fall war. Anschließend verfestigt dieser Gefügezustand am stärksten. Ursächlich ist wie im Biegeversuch eine röntgenographisch nachgewiesene Restaustenitumwandlung, mit der Folge einer im Vergleich zu den anderen Wärmebehandlungen stärkeren Fließspannungszunahme (Bild 35).

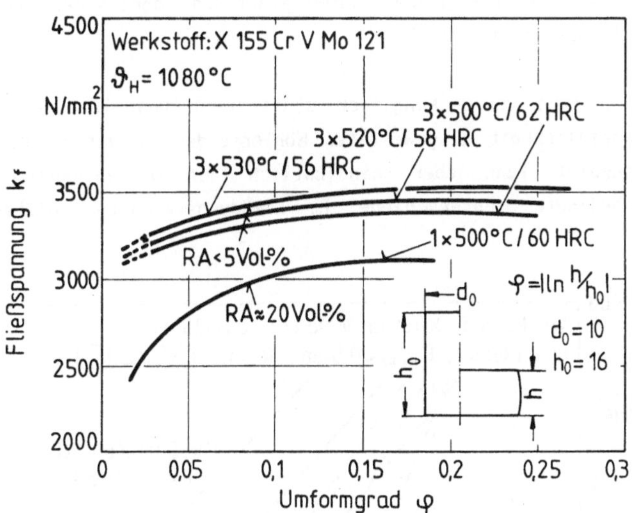

Bild 35: Veränderung des Fließkurvenverlaufes durch die Wärmebehandlung.

Die Ursachen für die bei erhöhtem Restaustenitgehalt im Vergleich zu den anderen Wärmebehandlungen aufgetretene geringere Stauchbarkeit konnten nicht geklärt werden.

Denkbar wäre, daß dieses verringerte Formänderungsvermögen mit der verformungsinduzierten Restaustenitumwandlung in Martensit zusammenhängt. Dabei könnte es an der Grenzfläche neugebildeter, spröder Martensitbereiche, die in der vergleichsweise zähen Gefügegrundmatrix eingebettet sind, zur Dekohäsion bzw. Hohlraumbildung (infolge inhomogener Dehnungsvertei- lung) kommen. Ausgehend von diesen Fehlstellen erfolgt der Bruch beim Erreichen der Druckfestigkeit bei kleineren Formänderungen als dies bei den Wärmebehandlungen ohne nachweisbare Restaustenitumwandlung der Fall ist.

6.3 UMLAUFBIEGEVERSUCHE

Aufgrund von Literaturangaben /63, 91, 92, 94/ überraschte es nicht, daß bei der Untersuchung des Einflusses der Wärmebehandlung und der Oberflä- chenbeschaffenheit des Werkzeugstahles auf das Ermüdungsverhalten große Lebensdauerschwankungen auftraten (Bild 36). Diese Streuungen wurden trotz guter statistischer Absicherung der Ergebnisse beobachtet (je Spannungsni- veau wurden 7 Umlaufbiegeproben unter praktisch identischen Bedingungen ermüdet, vgl. Abschnitt 4.3.4).

Trotz der breiten Überdeckung der statistisch nach 10%, 50% und 90% Bruchwahrscheinlichkeit ausgewerteten Wöhlerfelder im untersuchten Zeit- festigkeitsgebiet kann aber hinsichtlich der wärmebehandlungs- und oberflächenbedingten Unterschiede im Ermüdungsverhalten differenziert werden.

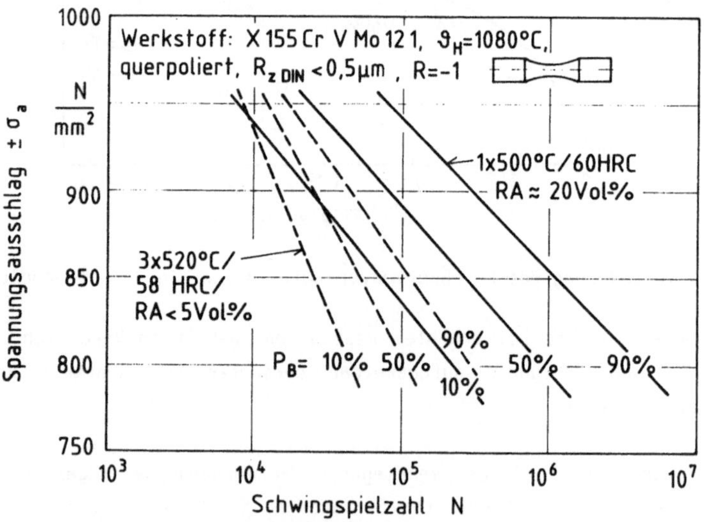

Bild 36: Wöhlerfelder im Zeitfestigkeitsgebiet mit statistischer Bewertung der Versuchsstreuung.

Um die Ergebnisse besser vergleichbar zu machen und aus Gründen der Übersichtlichkeit, wird im folgenden nur noch die 50%-Bruchwahrscheinlichkeit angegeben. Von Interesse wäre jedoch auch die Bestimmung einer das Streufeld im Sinne einer gegen Null gehenden Bruchwahrscheinlichkeit ($P_B \leq 10\%$) begrenzenden Geraden. Zu deren Ermittlung sind nach heutigem Erfahrungsstand etwa 40 bis 60 Proben, bei großer Variabilität bis ungefähr 100 Proben im Zeit- und Dauerfestigkeitsgebiet zu prüfen /111, 112/.

Das beste Ermüdungsverhalten (Bruchwahrscheinlichkeit P_B = 50%) wurde im Umlaufbiegeversuch für die Wärmebehandlung auf 60 HRC, mit dem erhöhten Restaustenitgehalt, ermittelt (Bild 37). Für die untereinander vergleichbaren Wärmebehandlungen auf 56 HRC, 58 HRC und 62 HRC ergaben sich geringere Zeitfestigkeiten, wobei die Wärmebehandlung mit 62 HRC das schlechteste Ermüdungsverhalten zeigte.

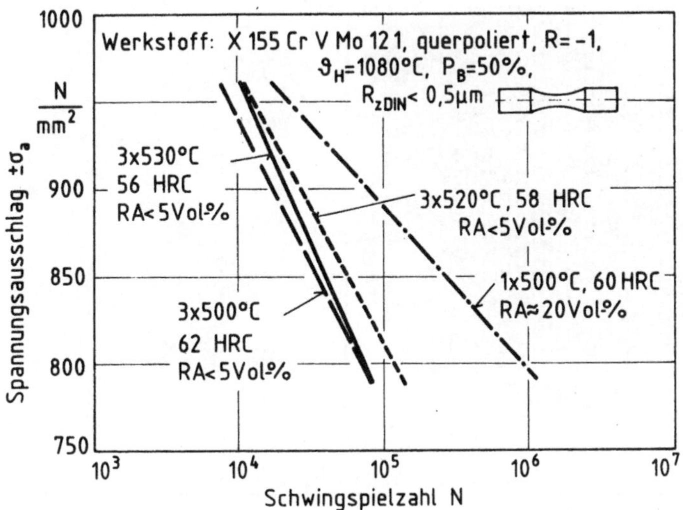

Bild 37: Veränderung des Ermüdungsverhaltens im Zeitfestigkeitsgebiet durch die Wärmebehandlung.

In den Bruchmechanik- und Standmengenversuchen (vgl. Abschnitt 6.4.2 bzw. 7.1) wurde das im Umlaufbiegeversuch beobachtete gute Ermüdungsverhalten für das Gefüge mit dem hohen Restaustenitgehalt nicht bestätigt; die Übereinstimmung bei den anderen Gefügezuständen hingegen war gut. Denkbar wäre, daß an der Oberfläche der Proben beim Schleifen eine Umwandlung des Restaustenits in Martensit stattgefunden hat, mit der Folge von Druck- eigenspannungen aufgrund einer Zunahme des spezifischen Volumens. Diese Druckspannungen wirken sich im Hinblick auf die Lebensdauer positiv aus /113, 114/.

Das makroskopische Bruchbild einer Umlaufbiegeprobe zeigt, daß die Bruchfläche aus mehreren Bereichen unterschiedlicher Struktur besteht (Bild 38a). Eine Vergrößerung aus dem Bereich des Anrisses zeigt mikroskopisch eine Anhäufung gebrochener Primärkarbide (M_7C_3), s. Bild 38b. Nach /63, 108/ erfolgt die Rißbildung durch das Brechen dieser groben Karbide innerhalb 10% der Gesamtlebensdauer. Die starken Lebensdauer- schwankungen in den Ermüdungsversuchen könnten auch mit auf das zufällige Zusammentreffen bruchauslösender Karbide (Karbidanhäufungen) im Bereich kritischer Beanspruchung zurückgeführt werden.

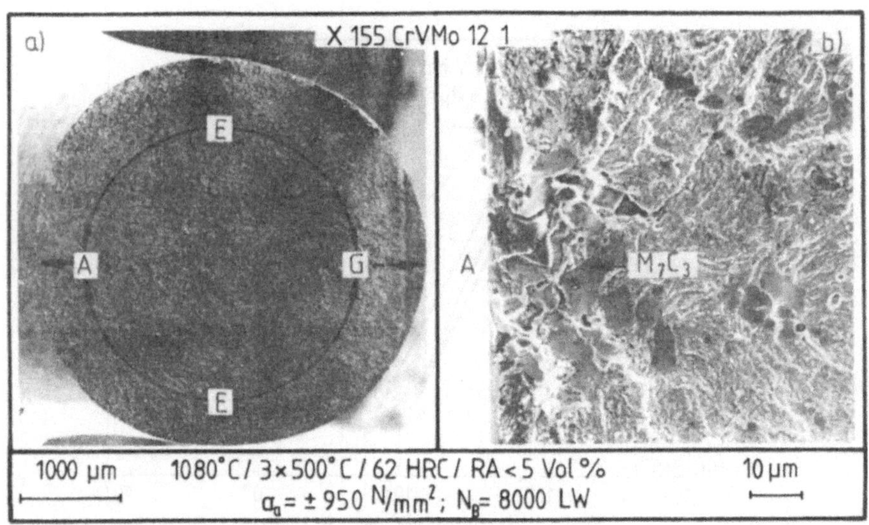

A ≙ Anriß ; E ≙ Ermüdungsbereich ; G ≙ Restgewaltbruch

Bild 38: Bruchfläche einer Umlaufbiegeprobe.

Bei hochfesten Werkzeugstählen wird die Lebensdauer in Ermüdungsversuchen stark von der Oberflächenbeschaffenheit beeinflußt. Dies kann soweit gehen, daß Werkstoffeigenschaften durch Oberflächeneinflüsse überdeckt werden /76/. Unter diesem Aspekt wurde in Umlaufbiegeversuchen der Oberflächeneinfluß auf die Lebensdauer untersucht. Dabei ergab die Variation der Polierrichtung bei der Oberflächenfeinbearbeitung der Umlaufbiegeproben ein bemerkenswertes Resultat (Bild 39): Für die beiden untersuchten Wärmebehandlungen wurde die Lebensdauer durch Polieren in Achslängsrichtung der Proben verbessert. Dieser Fertigungseinfluß kam besonders im spröden Werkstoffzustand mit einer Härte von 62 HRC zum Tragen, bei dem sich im Vergleich zu 56 HRC eine stärkere Lebensdauersteigerung ergab. Für dieses verbesserte Ermüdungsverhalten sind die bei der Längspolitur zur Beanspruchung günstiger liegenden Bearbeitungsriefen verantwortlich, die über ihre Kerbwirkung die Rißeinleitung und damit die Lebensdauer beeinflussen.

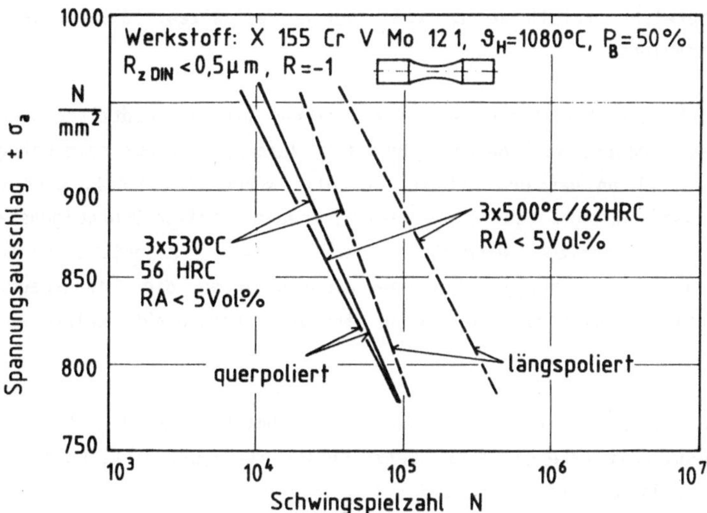

Bild 39: Vergleich verschiedener Polierverfahren in ihrer Auswirkung auf die Lebensdauer.

Der Einfluß der Polierrichtung auf die Lebensdauer ist auch im Hinblick auf die Bearbeitung der VVFP-Werkzeuge interessant. Das Querpolieren, übertragen auf die Preßbüchsen, entspricht der nach dem heutigen Stand der Technik üblichen Bearbeitung (Schleifen und Polieren) in Umfangsrichtung (vgl. Bild 17), mit der Folge von Riefen im bruchgefährdeten Werkzeugquerschnitt (vgl. Bild 18).

Aus den Ergebnissen der Laborversuche ergibt sich die Forderung, die Werkzeuge in Längsrichtung zu polieren, da die Schleifriefen durch Polieren in Umfangsrichtung nicht vollständig zu beseitigen sind. Mikrokerben im kritischen Bereich des Übergangsradius sind nach wie vor als möglicher Startpunkt für die Rißentstehung (vgl. Bild 18) ein ungelöstes Problem bei der Werkzeugfertigung.

Als erster Schritt einer Entwicklung hin zu besseren Oberflächen wäre das Druckläppen der Werkzeuge zu nennen /115/. Dabei wird im Werkzeug eine Läppaste unter Druck so hin- und hergepreßt, daß in Zonen eines gewünschten Werkstoffabtrages der Durchflußquerschnitt gezielt eingeengt wird. Denkbar wären auch andere Verfahren, bei denen eine verbesserte Oberfläche und/oder ein günstiger Druckeigenspannungszustand im kritischen Radienbereich erzielt wird, z.B. durch Festwalzen, Glattwalzen oder Kugelstrahlen.

Vergleicht man die Lebensdauer geschliffener mit der zusätzlich auch noch polierter Proben, so kann eine deutliche Verbesserung nur beim Gefüge mit hohem Anteil an Restaustenit festgestellt werden (Bild 40). Dies könnte damit zusammenhängen, daß durch das Polieren zusätzlich Druckeigenspannungen in die Oberfläche eingebracht werden, die die Rißentstehung hemmen. Bei den beiden anderen Wärmebehandlungen wurde die Lebensdauer nur unwesentlich beeinflußt. Die Gründe hierfür konnten nicht geklärt werden.

Denkbar wäre, daß es im Zeitfestigkeitsgebiet, wie in /116/ für die Dauerfestigkeit gezeigt, eine Grenzrauhtiefe (< 2 µm) gibt, unterhalb der keine merkliche Beeinflussung der Lebensdauer mehr erfolgt. Im vorliegenden Fall wäre somit die Grenzrauhtiefe beim Schleifen erreicht. Auf REM-Aufnahmen konnten nach dem Polieren allerdings noch Schleifriefen in der Oberfläche nachgewiesen werden. Daher ist es wahrscheinlicher, daß diese Bearbeitungsfehler zu annähernd gleicher Lebensdauer geführt haben.

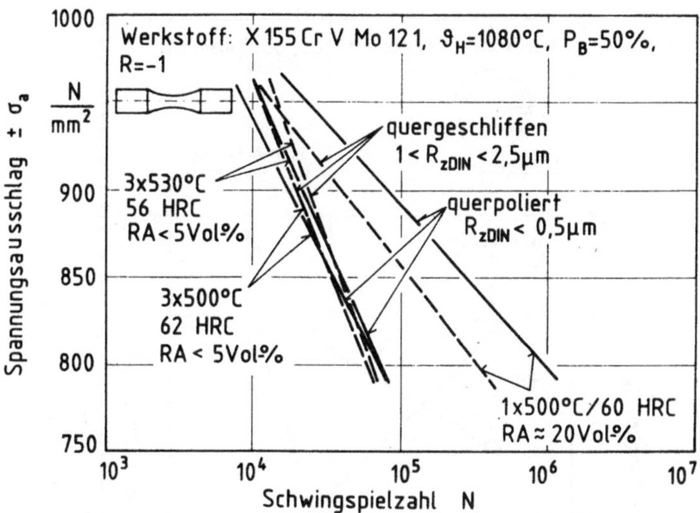

Bild 40: Vergleich verschiedener Bearbeitungsverfahren in ihrer Auswirkung auf die Lebensdauer.

6.4 BRUCHMECHANIKVERSUCHE

6.4.1 Ermittlung der Rißzähigkeit

In den Bruchmechanikversuchen wurden überwiegend in Achsrichtung aus dem Werkzeugstahl entnommene DCT-Proben geprüft (Bild 13). Diese Probenlage ermöglichte die Ermittlung bruchmechanischer Werkstoffkennwerte in Richtung des Ermüdungsbruches der Preßbüchsen. Exemplarisch wurde auch eine Rißzähigkeitsbestimmung an Querproben durchgeführt. Diese Probenlage entspricht dem Werkzeuggewaltbruch.

Nach dem Anlassen wurde in den Bruchmechanikversuchen zur Bestimmung der Rißzähigkeit eine starke Veränderung des Widerstandes gegen instabile Rißausbreitung in einem engen Anlaßtemperaturbereich von 30°C festgestellt (Bild 41). Mit .zunehmender Anlaßtemperatur steigt die Rißzähigkeit sowie die plastische Biegearbeit. Zwischen Rißzähigkeit und plastischer Biege-arbeit besteht eine qualitative Korrelation; im Vergleich zur Härte ist die Temperaturabhängigkeit gegenläufig. Erwartungsgemäß nimmt das Gefüge mit dem höheren Restaustenitgehalt eine Sonderstellung ein.

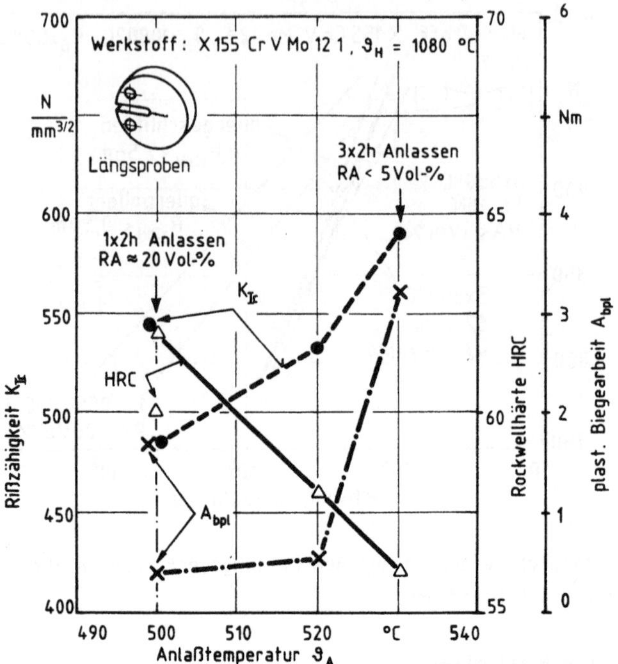

Bild 41: Veränderung von Zähigkeitskenngrößen und der Härte durch die Wärmebehandlung.

Dem Vorteil der einfachen Zähigkeitsermittlung im Biegeversuch bei im Vergleich zum Bruchmechanikversuch geringem Aufwand steht der Nachteil gegenüber, daß die plastische Biegearbeit nur ein relatives Vergleichsmaß für unterschiedliche Gefügezustände ist. Der Werkstoffkennwert K_{Ic} hingegen kann in quantitative Bauteilberechnungen einbezogen werden (vgl. Abschnitt 4.3.5.1).

Ursache für die mit zunehmender Anlaßtemperatur ansteigende Rißzähigkeit müssen Gefügeänderungen in der Grundmatrix sein, da die Primärkarbide von der Höhe der Anlaßtemperatur unbeeinflußt bleiben (vgl. Abschnitt 5.1). Weiter ergab eine Abschätzung der Ausdehnung der plastischen Zone vor der Rißspitze nach einem in /33/ beschriebenen Modell von Irwin (für den ebenen Dehnungszustand) für alle Gefügezustände einen Durchmesser kleiner als 10 µm (62 HRC: d_{pl}=2,3 µm; 58 HRC: d_{pl}=2,5 µm; 56 HRC: d_{pl}=3,3 µm; 60 HRC: d_{pl}=9,6 µm). Vergleicht man mit den Abmessungen der in Länge und

Breite größeren Primärkarbide und dem Karbidzeilenabstand in Abschnitt 4.1.1.1, so ergibt sich, daß die Zähigkeit des Werkstoffes in der plastischen Zone durch die Gefügematrix (Martensit, Sonderkarbide, evtl. Restaustenit) bestimmt wird. Dieses Verhalten wurde auch bei der Zähigkeitsermittlung von Schnellstählen beobachtet /117/.

In der Grundmatrix bewirkt das Anlassen bei höheren Temperaturen eine fortschreitende Ausscheidung von Kohlenstoff aus dem Martensit, eine Umordnung von Versetzungen in energetisch günstigere Anordnungen, sowie eine Abnahme der Versetzungsdichte. Dabei sinkt die Härte /23,63,117/.

Die röntgenographische Restaustenitmessung der Proben mit hohem Ausgangsgehalt ergab nach dem Bruch einen unterhalb der Nachweisgrenze von etwa 5 Vol-% liegenden Restaustenitgehalt in der Bruchfläche. Wie in Abschnitt 6.3 beschrieben, führt die Restaustenitumwandlung in Martensit zu Druckeigenspannungen vor der Rißspitze, mit der Folge einer effektiven Erhöhung der Rißzähigkeit. Auch in diesem Gefügezustand korreliert die plastische Biegearbeit mit der Rißzähigkeit.

Bei einer Übertragung der Ergebnisse der Laborversuche auf das Bruchverhalten der Preßbüchsen muß sich bezüglich eines Gewalt- bzw. Restgewaltbruchs die Wärmebehandlung auf 56 HRC (höchste Rißzähigkeit) am günstigsten auswirken. Am sprödesten und empfindlichsten auf Fehler reagieren die Preßbüchsen mit der höchsten Härte (62 HRC, niedrigste Rißzähigkeit).

Bei Annahme gleicher Beanspruchung erträgt die Preßbüchse mit niedriger Härte und hoher Rißzähigkeit nach Gl.(6) einen größeren kritischen Fehler (Riß) bzw. bei gleicher Fehlergröße eine höhere kritische Beanspruchung.

In den wegen der Lage des Ermüdungsbruches hauptsächlich untersuchten Längsproben war die Rißzähigkeit ungefähr 10% niedriger als in den Querproben (Bild 42). Wie angedeutet, wird die Rißzähigkeit durch die Grundmatrix bestimmt, während ihre Richtungsabhängigkeit mit der Karbidorientierung zusammenhängt /63/. So brechen bei den Längsproben die gestreckten M_7C_3-Primärkarbide; bei den Querproben werden dagegen die Karbide vom Riß umlaufen (Bild 43). Dieser Umgehungsmechanismus bedingt nach /63/ eine Rißverzweigung und eine Abstumpfung der Rißspitze; die lokale Spannungsintensität fällt, und der Werkstoffkennwert der kritischen Spannungsintensität K_{Ic} wird später erreicht.

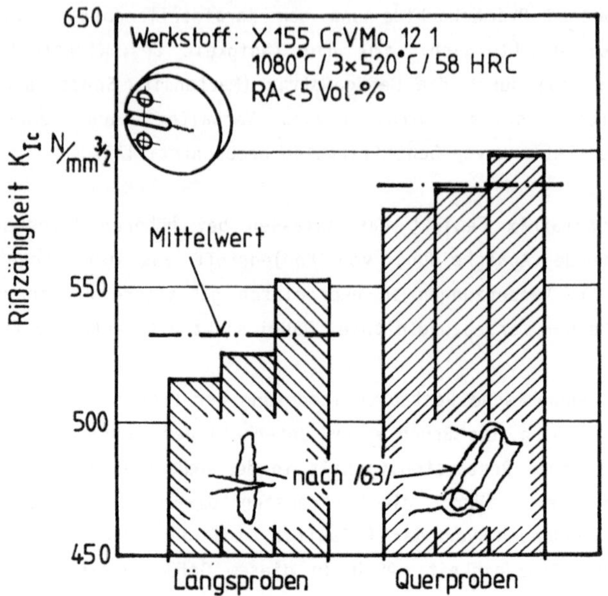

Bild 42: Richtungsabhängigkeit der Rißzähigkeit.

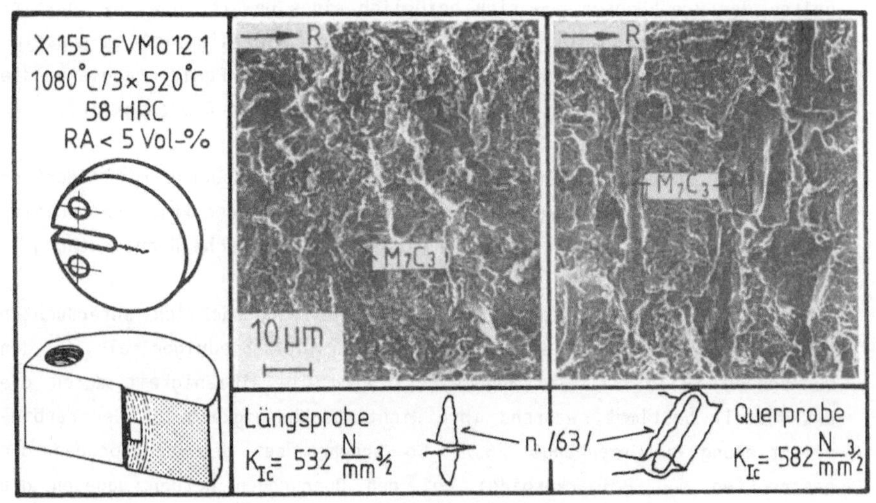

Bild 43: Einfluß der Karbidlage auf das Bruchbild und die Rißzähigkeit.

Da die exemplarisch geprüften Querproben durchweg höhere Rißzähigkeiten ergaben als die Längsproben, brauchten die erstgenannten (auch wegen des Versuchsaufwandes) nicht weiter untersucht zu werden. Die niedrige Rißzähigkeit der Längsproben führt bei einer eventuellen Abschätzung kritischer Größen (Rißtiefe, Beanspruchung) zu Ergebnissen, die auf der sicheren Seite liegen.

6.4.2 Ermittlung des Rißwachstums

Die Darstellung der Versuchsergebnisse zur Ermittlung des Rißwachstums in Abhängigkeit von der Wärmebehandlung erfolgte zunächst auf eine innerhalb der Bruchmechanik nicht übliche Weise. Es wurde die Rißtiefe über der Schwingspielzahl aufgetragen (Bild 44). Diese Auftragung war, wie in Abschnitt 7.1.1. gezeigt wird, für das Verständnis des Werkzeugbruches hilfreich.

Ausgehend von vergleichbaren Anfangsrißtiefen in den DCT-Proben ist die Lebensdauer im Mittel bei einer Härte von 60 HRC und 62 HRC eindeutig kleiner als bei 56 HRC und 58 HRC. Das im Umlaufbiegeversuch gute Ermüdungsverhalten bei erhöhtem Restaustenitgehalt (vgl. Abschnitt 6.3) konnte mit den Versuchen zum Rißwachstum nicht bestätigt werden.

Bei der Rißausbreitung wächst der Riß zunächst vergleichsweise langsam, dann mit weiter zunehmender Rißtiefe schneller und läuft beim Erreichen einer gefügeabhängigen, kritischen Rißtiefe instabil durch die Probe (Restgewaltbruch). Die kritische Rißtiefe hängt direkt von der kritischen zyklischen Spannungsintensität ΔK_{Ic} ab, die etwa (trotz der unterschiedlichen Prüfbedingungen) der quasistatischen Rißzähigkeit K_{Ic} entspricht. Im Versuch wurde der nach Gl.(6) erwartete Zusammenhang bestätigt, daß eine größere kritische Rißtiefe in der Probe erreicht wird, wenn die Rißzähigkeit bzw. kritische zyklische Spannungsintensität in Abhängigkeit von der Wärmebehandlung vergrößert wird.

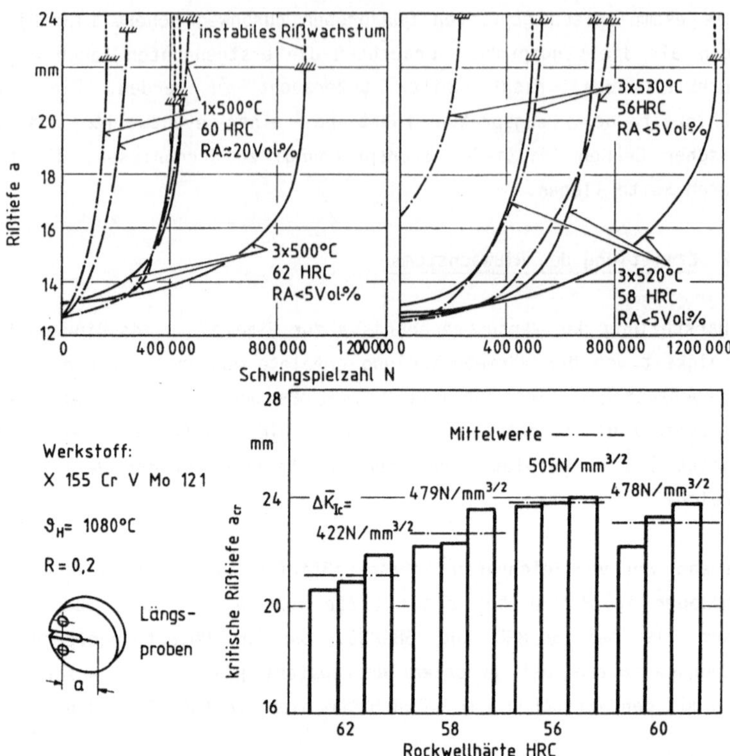

Bild 44: Rißwachstum in DCT-Proben nach verschiedenen Wärmebehandlungen.

Die Lebensdauerunterschiede bei Rißwachstumsversuchen machen die Ergebnisse schwer vergleichbar. Aus diesem Grund trägt man in der Bruchmechanik üblicherweise zusammengehörende Wertepaare der Rißausbreitungsgeschwindigkeit da/dN über der rißtiefenabhängigen zyklischen Spannungsintensität ΔK_I doppeltlogarithmisch auf. Die Versuchspunkte liegen dann in einem relativ engen Streubereich um eine gemeinsame Mittellinie, die Rißwachstumskurve /33, 34/.

Bei den miteinander vergleichbaren Wärmebehandlungen erfolgte der erste meßbare Rißfortschritt (kleines da/dN, kleines ΔK_I) bei 56 HRC, gefolgt von 58 HRC und 62 HRC (Bild 46). Der Schwellenwert ΔK_{Ith} (wobei der Index th als Abkürzung des englischen threshold für Schwelle steht), unterhalb dem keine meßbare bzw. ab dem die Rißausbreitung einsetzt, steigt mit der

Härte an. Dies wurde auch von /63/ beobachtet. Den niedrigsten Schwellenwert ergab die Wärmebehandlung mit dem erhöhten Restaustenitgehalt. Im
Bereich I der Rißwachstumskurve, gekennzeichnet durch den steilen Anstieg
der Rißausbreitungsgeschwindigkeit bei nur geringer Zunahme der zyklischen
Spannungsintensität, ist ein hartes Gefüge mit wenig Restaustenit
erwünscht.

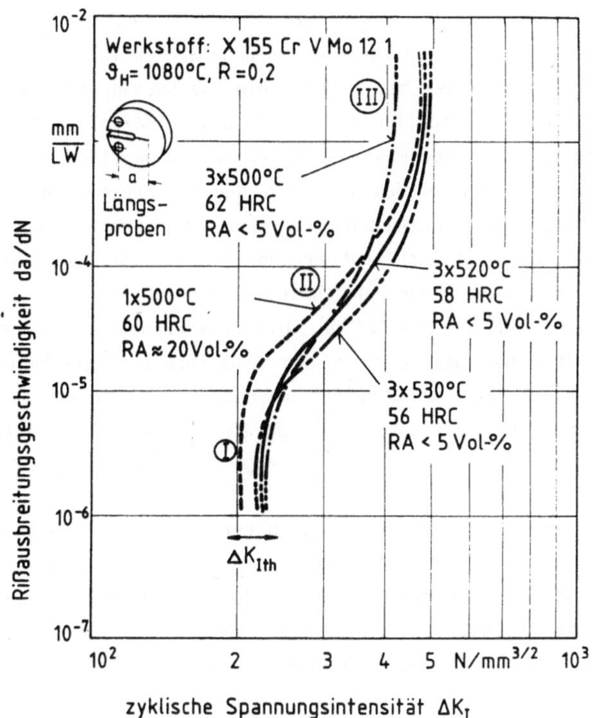

Bild 45: Veränderung der Rißausbreitungsgeschwindigkeit durch die Wärmebehandlung (Erläuterungen zu Bereich I, II, III siehe Text).

Mit zunehmender Rißausbreitung - dies entspricht einem gleichzeitigen
Anstieg der zyklischen Spannungsintensität - wächst der Riß im spröderen
Gefüge mit der höheren Härte schneller als im weicheren Gefüge mit der
höheren Zähigkeit (vergleichbare Wärmebehandlungen). Die Rißwachstumskurven überschneiden sich im angenähert linearen Bereich II (Bild 45). Beim
Erreichen der kritischen zyklischen Spannungsintensität ΔK_{Ic} (im Bereich III) kommt es zuerst bei einer Härte von 62 HRC zum Restgewaltbruch,

gefolgt von 60 HRC, 58 HRC und 56 HRC. Die Rißgeschwindigkeit steigt steil
an. Dieses Verhalten wurde aufgrund der quasistatischen Rißzähigkeitswerte
erwartet. Der anfängliche Vorteil des harten Gefüges mit der verzögerten
Rißausbreitung geht mit zunehmender Rißtiefe verloren: Der Riß läuft im
spröderen Gefüge mit niedrigerer Rißzähigkeit wesentlich schneller. Dieses
Verhalten wurde auch bei Schnellstählen beobachtet /117/.

Die röntgenographischen Messungen nach dem Bruchmechanikversuch ergaben
bei einem Ausgangsrestaustenitgehalt von ungefähr 20 Vol-% eine Abnahme in
der Ermüdungsbruchfläche bis unter die Nachweisgrenze von 5 Vol-%.
Offenbar wird bei der stabilen Rißausbreitung in der plastischen Zone vor
der Rißspitze der vorhandene Restaustenit verformungsinduziert in Martensit umgewandelt. Dabei werden aufgrund der Volumenvergrößerung bei der
Martensitbildung "Druckeigenspannungen" den Lastspannungen überlagert und
die effektive Spannungsintensität erniedrigt /63,114/. Als Folge wird im
Bereich II die Rißausbreitungsgeschwindigkeitsrate kleiner und ist vergleichbar zum 56 HRC harten Gefüge. Die Berechnung des Exponenten n^* in
Gl.(8), als Maß für den Anstieg der Rißausbreitungsgeschwindigkeit im
angenähert linearen Bereich II der Rißwachstumskurven, ergab für zyklische
Spannungsintensitäten zwischen K_I = 230 und 380 N/mm$^{3/2}$ folgende Werte:
56 HRC: n^* = 3,54; 58 HRC: n^* = 3,72; 62 HRC: n^* = 5,56 und 60 HRC: n^* = 3,59.

Der bei geringerer Härte frühere Beginn der Rißausbreitung bei niedrigen
zyklischen Spannungsintensitäten wird in /63/ auf eine erleichterte
Versetzungsbewegung zurückgeführt und der Wechsel bei der Rißausbreitungsgeschwindigkeit zugunsten des weicheren Gefüges auf einen mit sinkender
Härte größeren Rißöffnungsradius in der Matrix.

Überträgt man die Ergebnisse der Laborversuche auf das Bruchverhalten der
Preßbüchsen im üblichen Sinne, daß mit zunehmender Rißtiefe die zyklische
Spannungsintensität und die Rißausbreitungsgeschwindigkeit wachsen, so
müßten sich bei der Rißeinleitung Vorteile für die härtesten Preßbüchsen
ergeben. Im Hinblick auf die Rißausbreitung und den Restgewaltbruch weisen
weichere Werkzeuge mit höherer Zähigkeit Vorteile auf. Wie sich das
gegenläufige Verhalten von Rißeinleitung und Rißausbreitung in ihrer
Gesamtheit auf die Werkzeuglebensdauer auswirken, konnte erst in den
Standmengenversuchen endgültig geklärt werden (siehe Abschnitt 7.1).

7 ERGEBNISSE UND BEWERTUNG DER STANDMENGENVERSUCHE AN VVFP-WERKZEUGEN

7.1 WERKZEUGVERSAGEN DURCH BRUCH

Die Ermüdungsversuche unter betriebsnahen Bedingungen sollten klären, wie sich die Ergebnisse der Laborversuche auf das weitgehend unbekannte Bruchverhalten der Werkzeuge übertragen lassen. Im Prinzip müßten bei der Werkzeugermüdung mit der Folge des Querbruches die in /112,118/ beschriebenen charakteristischen Ermüdungsstadien auftreten: Das anrißfreie Stadium, die Rißbildungsphase, die stabile Rißausbreitungsphase und die instabile Rißausbreitung. Die nachfolgende Darstellung der Ergebnisse erfolgt in Anlehnung an diese Reihenfolge.

Aufgrund der heute noch bestehenden Fertigungsmängel kann nicht von einer mikrokerbfreien Werkzeugoberfläche ausgegangen werden (Bild 18). Die fertigungsbedingten Mikrokerben führen zur Abnahme der Lastspielzahl im anrißfreien Stadium und verkürzen die Rißbildungsphase, d.h. die stabile Rißausbreitung beginnt viel früher als bei glatten Zuständen. Von einer fehlerfreien Oberfläche, bei der nur strukturmechanische Zustandsänderungen eine Rolle spielen, kann nicht ausgegangen werden.

Da die Rißbildungsphase der Oberflächenanrisse mit den vorhandenen Möglichkeiten während der Fertigung nicht zuverlässig erfaßt werden konnte, beschränkt sich die nachfolgende Diskussion der Ergebnisse auf die Phase der Rißeinleitung mit einer Rißtiefe bis 0,7 mm (Bereich der Wirbelstromprüfung) und die Rißausbreitung mit dem anschließenden Bruch der Werkzeuge.

7.1.1 Einfluß der Wärmebehandlung auf die Rißeinleitung

Mit der Wirbelstromsonde wurden die Preßbüchsen im Ausgangszustand geprüft, dann wieder nach 50 gefertigten Werkstücken und danach jeweils in äquidistanten Prüfabständen von 100 gefertigten Werkstücken. In allen Wärmebehandlungszuständen der Preßbüchsen kam es ausgehend von wachstumsfähigen, fertigungsbedingten Fehlern im Radienbereich zu einem vergleichbaren Ermüdungsrißwachstum (Bild 46). Zunächst wachsen die Risse bei Rißtiefen a $\leq$ 0,2 mm langsam. Mit zunehmender Stückzahl steigt dann die

Rißtiefe steil an, wobei es zwischen dem letzten Wert der Wirbelstromprüfung (a $\leq$ 0,7 mm) und dem ersten zahlenmäßig angegebenen Wert der Ultraschallprüfung zu einer starken Beschleunigung im Rißwachstum kommt (Bereich instabiler Rißausbreitung über mehrere Millimeter).

Die Wärmebehandlung der Preßbüchsen wirkt sich trotz der Streubreite der Stückzahl auf den Beginn der instabilen Rißausbreitung eindeutig aus. Am günstigsten schneidet die Wärmebehandlung auf 56 HRC ab (Bild 46c); die früheste instabile Rißausbreitung wurde beim spröden Gefüge der Preßbüchsen mit einer Härte von 62 HRC ermittelt (Bild 46a). Die Preßbüchsen mit 60 HRC und 58 HRC liegen zwischen diesen beiden Extremen und entsprechen in etwa einander (Bild 46b,d).

Die Wärmebehandlung beeinflußt neben der unterschiedlichen Werkstückzahl auch die kritische Rißtiefe a_{crl}, von der ausgehend das instabile Rißwachstum einsetzt. Da die kritische Rißtiefe wegen der diskontinuierlichen Messung in bestimmten Abständen gefertigter Werkstücke nicht genau erfaßt werden konnte, wurde für sie der jeweils zuletzt ablesbare Wert der Rißtiefe (a $\leq$ 0,7 mm) in Bild 46 angenommen. Die wahre kritische Rißtiefe liegt mit Sicherheit darüber. Wie in Bild 47 zu sehen ist, kam es bei den 62 HRC harten Preßbüchsen bei der kleinsten kritischen Rißtiefe zum instabilen Rißwachstum; bei 56 HRC und 60 HRC lag die kritische Rißtiefe am höchsten.

Das Verhalten der Preßbüchsen am Anfang des Werkzeugversagens läßt sich in Abhängigkeit von der Wärmebehandlung mit den Ergebnissen der Bruchmechanikversuche in Abschnitt 6.4 erklären. Die Rißausbreitung im Werkzeug bis zum instabilen Rißwachstum entspricht prinzipiell derjenigen in DCT-Proben, wie ein Vergleich von Bild 46 mit der in Abschnitt 6.4.2 angesprochenen atypischen Auftragung der Rißtiefe über der Schwingspielzahl in Bild 44 zeigt. Die qualitative Übertragbarkeit der Ergebnisse der Bruchmechanikversuche im Labor auf das Werkzeugverhalten im Betrieb ist somit für das Rißwachstum im Werkzeug zu Beginn der Rißausbreitung gegeben. Über kleinere Rißtiefen als a = 0,05 mm kann aufgrund der Wirbelstromprüfung keine Aussage gemacht werden.

Additional material from *Untersuchung des Werkzeugbruches beim Voll-Vorwärts- Fließpressen*
ISBN 978-3-540-18376-1 (978-3-540-18376-1_OSFO2),
is available at http://extras.springer.com

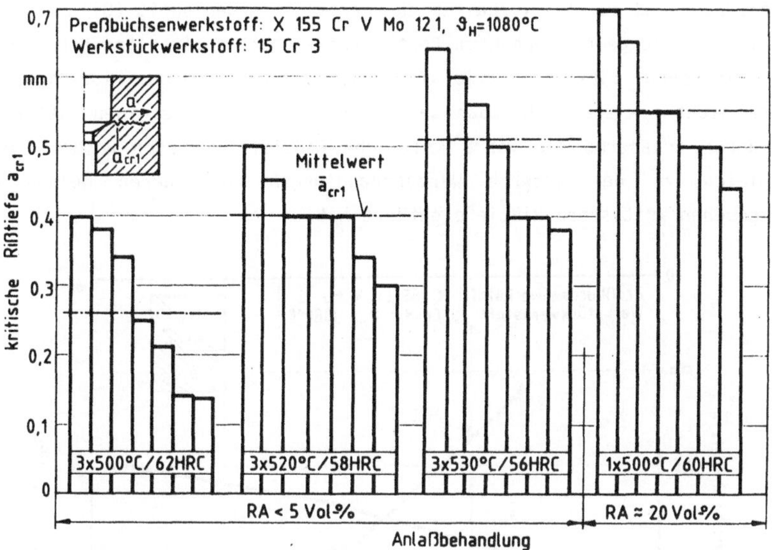

Bild 47: Veränderung der kritischen Rißtiefe für instabile Rißausbreitung in VVFP-Werkzeugen durch die Wärmebehandlung.

Wird das Rißwachstums in den realen Werkzeugen nach Bild 46 mit typischen, unter den Prüfbedingungen werkstoffspezifischen Rißwachstumskurven aus den Laborversuchen in Bild 45 verglichen, so kann die von der Wärmebehandlung abhängige Rißeinleitung in den Werkzeugen gedeutet werden. Der Riß wächst bei einer Härte von 62 HRC am schnellsten, und das instabile Rißwachstum erfolgt ausgehend von der im Vergleich zu anderen Wärmebehandlungen kleinsten kritischen Rißtiefe.

Bei der Übertragung der Ergebnisse der Laborversuche auf die Werkzeuge kann vorausgesetzt werden, daß die Rißzähigkeit K_{Ic} quantitativ etwa der kritischen zyklischen Spannungsintensität ΔK_{Ic} entspricht, da die niedrige Belastungsfrequenz der Werkzeuge im Betrieb nahezu quasi-statischen Verhältnissen entspricht (vgl. Abschnitt 4.4.3). Im Gegensatz dazu muß bei der kritischen zyklischen Spannungsintensität ΔK_{Ic} aus dem Laborversuch wegen der wesentlich höheren Frequenz von einer dynamischen Beanspruchung ausgegangen werden.

Die mittlere kritische Rißtiefe, von der ausgehend instabiles Rißwachstum im Werkzeug einsetzt, nimmt mit steigender Rißzähigkeit nach Gl.(6)

erwartungsgemäß zu; das Verhalten zur Härte ist gegenläufig (Bild 48). Die für die Werkzeuge mit erhöhtem Restaustenitgehalt ermittelten hohen Werte der kritischen Rißtiefe in Bild 47 und 48 sind aufgrund der Rißzähigkeits- werte nicht erklärbar. Denkbar wäre, daß zufällig bei einigen Rißtiefen- messungen annähernd die wahre kritische Rißtiefe gemessen wurde, die im Vergleich zu den anderen Wärmebehandlungen zu höheren Werten der angegebenen kritischen Rißtiefe geführt hat.

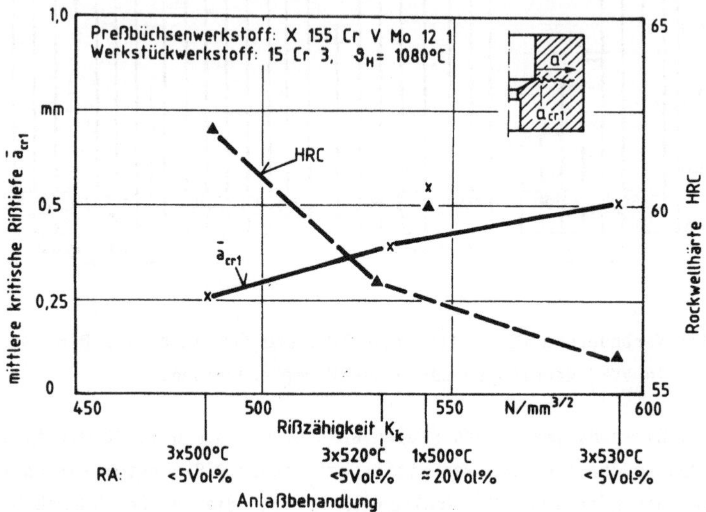

Bild 48: Einfluß der Wärmebehandlung auf die kritische Rißtiefe, die Rißzähigkeit und die Härte bei VVFP-Werkzeugen.

7.1.2 Einfluß der Werkzeugoberfläche auf die Rißeinleitung

Bei der Untersuchung des Oberflächeneinflusses auf die Rißeinleitung in den Preßbüchsen mit einer Härte von 56 HRC wurde nur ein geringer Einfluß festgestellt (Bild 49), der in einem Mißverhältnis zum Bearbeitungsaufwand stand (vgl. Abschnitt 4.4.2). Im Bereich kleiner Rißtiefen (a ≤ 0,2 mm) verhielten sich die in der Industrie gefertigten Werkzeuge am günstigsten (Bild 49a). Im Verhalten der nur geschliffenen und am Institut polierten Werkzeuge wurde bis a ≈ 0,2 mm kein signifikanter Unterschied festgestellt (vgl. Bild 46c mit Bild 49b). Dieses Verhalten war aufgrund der im Übergangsradius trotz des Polierens annähernd gleichen Oberfläche wie beim Schleifen zu erwarten (vgl. Abschnitt 4.4.2).

a)

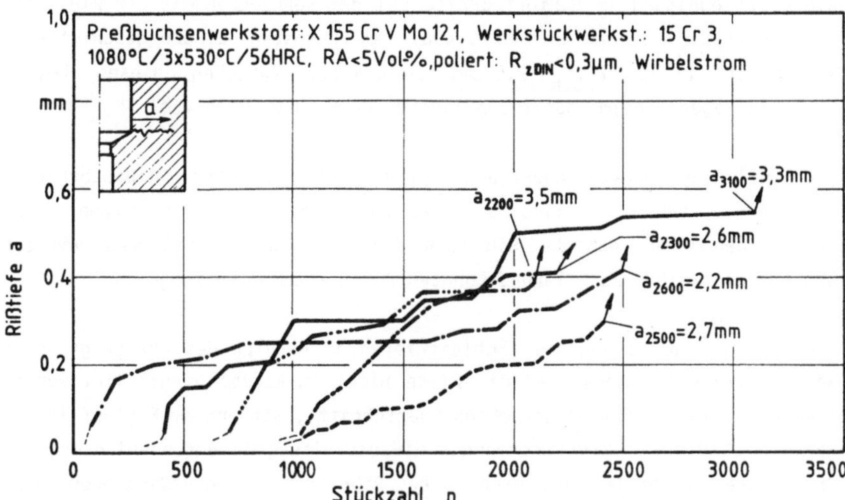

b)

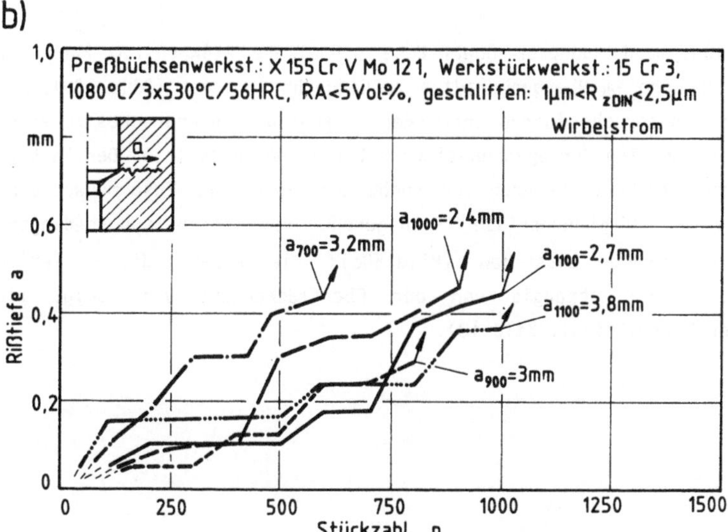

Bild 49: Veränderung der Rißeinleitung durch die Oberflächenbeschaffenheit
der VVFP-Werkzeuge.

Mit zunehmender Rißausbreitung traten in Abhängigkeit von der Oberflächenbeschaffenheit Unterschiede auf, wie dies der Werkstückzahl bis zum

instabilen Anfangsrißwachstum entnommen werden kann. Am spätesten erfolgte die Beschleunigung im Rißfortschritt bei den Werkzeugen mit der kleinsten Rauheit ($R_{zDIN} < 0,3$ mm ;   Bild 49a), am frühesten bei den geschliffenen Werkzeugen (1 μm $< R_{zDIN} < 2,5$ μm; Bild 49b). Zwischen diesen beiden Extremen lagen die im Institut polierten Werkzeuge (Bild 46c).

Der Einfluß der Werkzeugoberfläche auf die unterschiedliche Rißausbreitung bis zur Instabilität ließ sich zunächst nicht erklären, wenn davon ausgegangen wird, daß der Riß nach der Einleitung nichts mehr von der Oberfläche "weiß". Zur Klärung konnten REM-Aufnahmen beitragen.

Die Kerbwirkung vorhandener Schleifriefen im Bereich des Übergangsradius war teilweise so stark, daß die Risse nicht im Radius eingeleitet wurden (dem nach /19/ höchstbeanspruchten Querschnitt), sondern am Einlauf in den Radius (Bild 50a). Mit zunehmender Rißausbreitung in Umfangsrichtung der Preßbüchsen wurde dann ein Wechsel des Rißpfades in den Radius beobachtet (Bild 50b).

Das mit zunehmend rauherer Oberfläche schnellere Rißwachstum kann auf Werkzeugausbrüche im Übergangsradius zurückgeführt werden (Bild 50b). Die keilförmigen Ausbrüche führen unter der Wirkung des Innendruckes zu einem zusätzlichen Anstieg der Spannungsintensität an der Rißspitze. Der Anstieg erfolgt umso früher, je eher Ausbrüche als Folge des Zusammenwachsens vieler kleiner Ermüdungsrisse - ausgehend von bearbeitungsbedingten Oberflächenfehlern - entstehen (Bild 50c). Die Anzahl dieser Fehler (Mikrokerben) ist abhängig von der Oberflächengüte und steigt mit zunehmender Rauheit (vgl. Bild 18).

Additional material from *Untersuchung des Werkzeugbruches beim Voll-Vorwärts- Fließpressen*
ISBN 978-3-540-18376-1 (978-3-540-18376-1_OSFO3),
is available at http://extras.springer.com

7.1.3 Einfluß der Wärmebehandlung auf die Rißausbreitung

Nach der Rißeinleitung in den Preßbüchsen, mit der Folge instabilen Rißwachstums über mehrere Millimeter, wurde die weitere Rißausbreitung mit Ultraschall verfolgt. Die Rißtiefenmessungen erfolgten bei 58 HRC, 56 HRC und 60 HRC nach jeweils 500 gefertigten Werkstücken. Bei den auf 62 HRC gehärteten Preßbüchsen mußte aufgrund der Erfahrungen aus Vorversuchen (vgl. Abschnitt 4.4.1) bedingt durch die schnelle Rißausbreitung bereits nach jeweils 100 weiteren Werkstücken gemessen werden.

In allen Wärmebehandlungszuständen der Preßbüchsen kam es nach der vorübergehend instabilen Rißausbreitung zu einem erneuten Ermüdungsrißwachstum in den Preßbüchsen (Bild 51). Dabei breitete sich im Vergleich zum anfänglichen Ermüdungsrißwachstum der Riß mit zunehmender Rißtiefe deutlich langsamer aus. Die Verzögerung war zum Teil so stark (abgesehen von der Wärmebehandlung der Preßbüchsen auf 60 HRC), daß mit der Ultraschallmethode kein Rißfortschritt mehr festgestellt werden konnte. Ausgehend vom Rißstop (sogenannter "crack-arrest") kam es dann nach stark unterschiedlichen Werkstückzahlen zum Restgewaltbruch durch instabile Rißausbreitung. Das Lebensdauerende der Werkzeuge (Anzahl gefertigter Werkstücke bis zum vollständigen Ermüdungsbruch) war erreicht und die obere Preßbüchsenhälfte wurde durch Werkstückwerkstoff und Schmierstoff, die in den Riß eindrangen, aus dem kegeligen Schrumpfring gepreßt (vgl. Bild 16).

Im Hinblick auf die Rißausbreitungsgeschwindigkeit, den Bereich kritischer Rißtiefe und die Werkzeuglebensdauer führen die verschiedenen Wärmebehandlungsvarianten zu signifikanten Unterschieden (Bild 51). Beispielhaft zu nennen ist die minimale Werkzeuglebensdauer n_B = 995 gefertigte Werkstücke bei einer Preßbüchse mit 62 HRC, im Vergleich zur höchsten Standmenge von n_B = 46 310 Werkstücken bei einer Härte von 56 HRC. Diese Lebensdauerunterschiede erscheinen vor dem Hintergrund der Wärmebehandlung deshalb so beeindruckend, weil die Anlaßbehandlung der Werkzeuge innerhalb enger Grenzen von 30°C variiert wurde. Allein diese Tatsache bringt die Bedeutung einer exakt durchgeführten Wärmebehandlung zum Ausdruck.

Additional material from *Untersuchung des Werkzeugbruches beim Voll-Vorwärts- Fließpressen*
ISBN 978-3-540-18376-1 (978-3-540-18376-1_OSFO4),
is available at http://extras.springer.com

Das schnellste Rißwachstum bis in den kritischen Rißtiefenbereich, von dem ausgehend instabiles Rißwachstum erfolgte, wurde bei einer Preßbüchsenhärte von 62 HRC beobachtet (Bild 51a), das langsamste Rißwachstum bei einer Härte von 56 HRC (Bild 51c). Bei den Wärmebehandlungen auf 58 HRC und 60 HRC ergaben sich vergleichbare Rißausbreitungsgeschwindigkeiten (Bild 51b,d). Trotz der stückzahlabhängigen Unterschiede im Rißfortschritt - bei gleicher Werkzeughärte - sind die Unterschiede während der Ermüdungsphase, verglichen mit den Stückzahlschwankungen vor dem Restgewaltbruch, gering.

Der wärmebehandlungsabhängige Bereich der kritischen Rißtiefe a_{cr2}, von der ausgehend der Restgewaltbruch erfolgte, lag bei 62 HRC am niedrigsten (Bild 51a), gefolgt von den höheren Werten bei einer Härte von 60 HRC (Bild 51d), 58 HRC (Bild 51b) und 56 HRC (Bild 51c). Diese Reihenfolge ergab sich sich eindeutig trotz der Streuungen zwischen der minimalen und maximalen kritischen Rißtiefe je Wärmebehandlung, die den kritischen Bereich für instabile Rißausbreitung festlegen (Bild 51 und 52). Der zunächst vermutete Zusammenhang mit der Rißzähigkeit K_{Ic} bzw. kritischen zyklischen Spannungsintensität ΔK_{Ic} nach Gl.(6) konnte allerdings nicht bestätigt werden (vgl. Abschnitt 7.1.4.2).

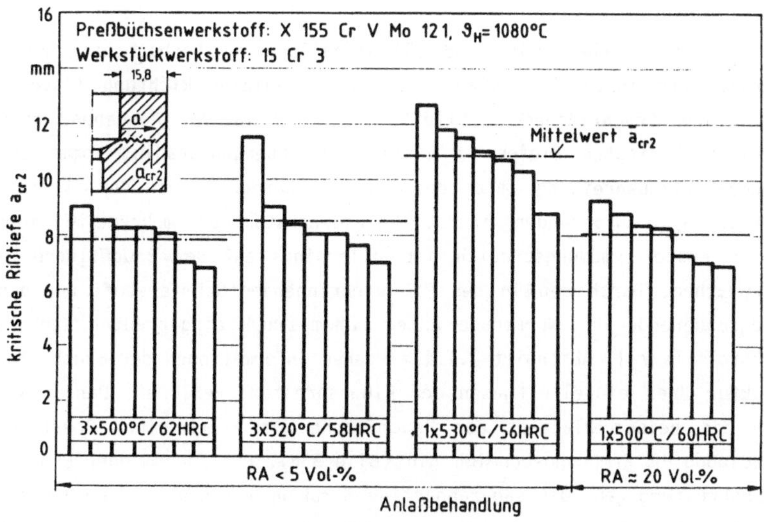

Bild 52: Veränderung der kritischen Rißtiefe vor dem Restgewaltbruch von VVFP-Werkzeugen durch die Wärmebehandlung.

Die geringste durchschnittliche Lebensdauer ergab sich für das Werkzeugkollektiv mit 62 HRC (Bild 51a), gefolgt von den auf 60 HRC gehärteten
Preßbüchsen mit dem erhöhten Restaustenitgehalt (Bild 51d) und den
Werkzeugen mit 58 HRC und 56 HRC (Bild 51b,c). Die minimale Streuung der
Werkzeuglebensdauer wurde bei der Wärmebehandlung auf 60 HRC beobachtet
(ungefähr Faktor 2); mehr als 5-fache Unterschiede ergaben sich bei
58 HRC. Worauf die Unterschiede der Lebensdauerschwankungen in Abhängigkeit von der Wärmebehandlung zurückzuführen sind, konnte nicht geklärt
werden.

Der in Abschnitt 7.1.2 untersuchte Einfluß der Werkzeugoberfläche auf die
Rißeinleitung mußte im Hinblick auf das nach der anfänglichen instabilen
Rißausbreitung einsetzende Ermüdungsrißwachstum nicht weiterverfolgt
werden. Eine exemplarisch durchgeführte Überwachung der Ermüdungsrißausbreitung eines in der Industrie polierten Werkzeuges ($R_{zDIN} < 0,3$ μm) ließ
keinen Einfluß der Oberfläche auf die Rißausbreitung erkennen. Der Versuch
wurde deshalb abgebrochen. Im Verhältnis zum Fertigungsaufwand beim
Polieren ist der positive Einfluß bei der Rißeinleitung auf die gesamte
Werkzeuglebensdauer gering. Das anfänglich vorteilhafte Verhalten polierter Werkzeuge wird durch die streuenden Werkstückzahlen überdeckt.

Die mit der Wirbelstrom- und Ultraschallprüfung beobachteten Bereiche
stabiler und instabiler Rißausbreitung in radialer Richtung lassen sich
anhand der Bruchflächen in Bild 53 plausibel machen. Ausgehend von den
fertigungsbedingten Riefen im Bereich des Übergangsradius kommt es zur
Ermüdungsrißausbreitung mit dem anschließenden (von der kritischen
Rißtiefe a_{crl} ausgehenden) instabilen Rißwachstum über mehrere Millimeter.
Dieser erste Ermüdungsbereich ist allerdings auf der Bruchfläche nicht
auszumachen. Durch den in den Riß eindringenden Schmierstoff und den am
Lebensdauerende der Werkzeuge unter hohem Druck eingepreßten Werkstückwerkstoff (vergl. Abschnitt 7.1.4.2) gehen Informationen der Bruchflächen-
struktur über einzelne Phasen der Rißausbreitung verloren. Darauf weisen
auch die beiden Plateaus der Bruchfläche als Folge einer Oberflächen-
schädigung im Ermüdungsbereich hin (Bild 53d). Mit zunehmender Ermüdungsrißausbreitung geht die sägezahnartige Struktur der Bruchfläche zurück. Im
Bereich des Restgewaltbruchs erfolgt die Rißausbreitung weitgehend
horizontal.

Additional material from *Untersuchung des Werkzeugbruches beim Voll-Vorwärts- Fließpressen*
ISBN 978-3-540-18376-1 (978-3-540-18376-1_OSFO5),
is available at http://extras.springer.com

Die bei der Rißausbreitung in radialer Richtung auftretende Abweichung des Rißpfades von der Horizontalen muß die Folge einer Überlagerung zweier Rißöffnungsarten sein (d.h. es handelt sich um ein sogenanntes "mixed-mode"-Problem; vgl. Abschnitt 4.3.5.1). Die Sägezahnstruktur der Bruchfläche kann im Prinzip erklärt werden als Folge einer sich wiederholenden Umlagerung der im kritischen Werkzeugquerschnitt wirksamen Schubspannung τ_{rz} (Rißöffnungsart II) zur axialen Zugspannung σ_z (Rißöffnungsart I). Dadurch nimmt auch die Hauptnormalspannung σ_1 senkrecht zur Bruchfläche eine andere Richtung ein, und der Riß verläßt die ursprünglich eingeschlagene Richtung (Bild 54). Mit fortschreitender Rißtiefe erfolgt eine Abschwächung dieses Effektes, und der Riß weicht weniger stark von der horizontalen Ausbreitungsrichtung ab.

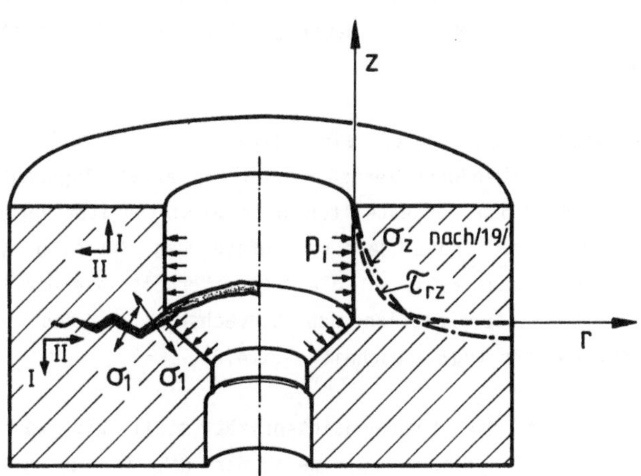

Bild 54: Überlagerung der Rißöffnungsarten I und II beim Werkzeugbruch von abgesetzten Preßbüchsen zum VVFP (Spannungsverlauf nach /19/ gilt nur für die ungerissene Struktur).

7.1.4 Bewertung des Werkzeugbruches beim VVFP

Um das nach dem instabilen Rißwachstum (am Anfang der Standmengenversuche) beobachtete Ermüdungsrißwachstum mit der zunehmenden Verzögerung im Rißfortschritt zu erklären, wurde eine numerische Bruchmechanikrechnung mit der Gewichtsfunktionsmethode durchgeführt[*]. Dabei wurde für die

[*] Institut für Material- und Festkörperforschung IV, Karlsruhe

Berechnung der rißtiefenabhängigen Spannungsintensität K_I die Spannungs-
verteilung der ungerissenen Werkzeugstruktur zugrundegelegt. Die prinzi-
pielle Vorgehensweise bei der Gewichtsfunktionsmethode ist in /119/
beschrieben.

7.1.4.1 Vereinfachtes Modell zur Berechnung der Spannungsintensitätsverteilung

In der Bruchmechanikrechnung zur näherungsweisen Bestimmung der Spannungsintensitätsverteilung wurde - zur Vereinfachung der komplexen Beanspru-
chungs- und Geometrieverhältnisse am Werkzeug - nur die axiale Zugspannungsverteilung (Rißöffnungsart I) für ein konstruktiv ähnliches VVFP-
Werkzeug nach /19/ verwendet (Bild 55a). Die Schubspannung τ_{rz}, die eine
Rißöffnung nach dem Modus II bewirken würde (vgl. Abschnitt 7.3.1), wurde
vernachlässigt.

Das Werkzeug konnte durch ein vereinfachtes Modell mit einseitigem
Oberflächenriß angenähert werden, wobei die axiale Zugspannungsverteilung
zu der in Bild 55b dargestellten Spannungsintensitätsverteilung führte.
Das Ergebnis ist trotz der vereinfachenden Annahmen (Beanspruchung,
Werkzeugmodell) qualitativ auf die realen Verhältnisse übertragbar und hat
sich bei der Interpretation des Rißwachstums in den Preßbüchsen als
hilfreich erwiesen (vgl. Abschnitt 7.1.4.2).

Zunächst steigt die Spannungsintensität steil bis zu einem Maximum
unterhalb der Oberfläche an, wenn der Riß in das Gebiet maximaler
Zugspannungen läuft. Anschließend fällt der Spannungsintensitätsfaktor
kontinuierlich mit fortschreitender Rißtiefe. Die lokale Beanspruchung vor
der Rißspitze sinkt mit zunehmender Entfernung vom Ort der Rißeinleitung
auf Werte nahe $K_I = 0$.

Aufgrund der Schubspannungsverteilung der ungerissenen Werkzeugstruktur
müßte sich für eine entsprechende K_{II}-Verteilung ein ähnlicher Verlauf
ergeben, was an der prinzipiellen Aussage jedoch nichts ändert.

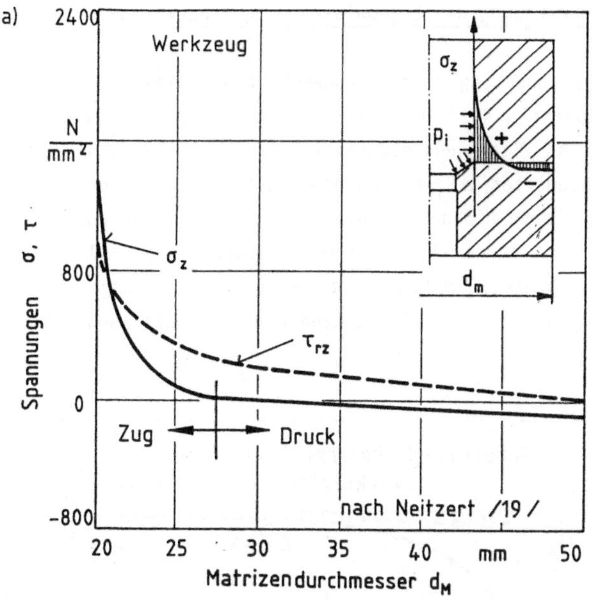

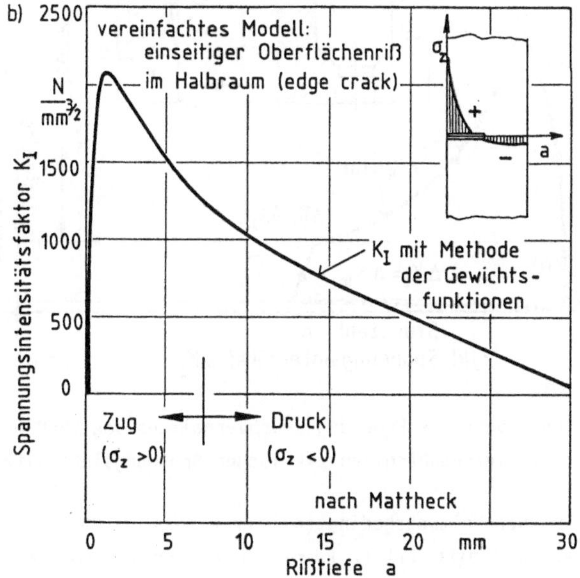

Bild 55: Mit der axialen Zugspannungsverteilung der ungerissenen Werkzeugstruktur berechnete Spannungsintensitätsverteilung in einem ver-
einfachten Modell.

7.1.4.2 Übertragung der Ergebnisse auf die Werkzeuge

Um die Rißausbreitung in den schwellend bei niedriger Belastungsfrequenz
(vgl. Abschnitt 4.4.3) beanspruchten Werkzeugen zu verstehen, wurde die
quasistatische Spannungsintensität K_I aus der Rechnung der zyklischen
Spannungsintensität ΔK_I gleichgesetzt. Dies ermöglicht die Gegenüberstellung der Werkzeug-Rißwachstumskurven und der rißtiefenabhängigen Veränderung der zyklischen Spannungsintensität, vgl. Bild 56. Die gesamte
Werkzeuggeschichte, vom Beginn der Werkstückfertigung bis zum vollständigen Ermüdungsbruch, läßt sich anhand dieser Darstellung erklären.

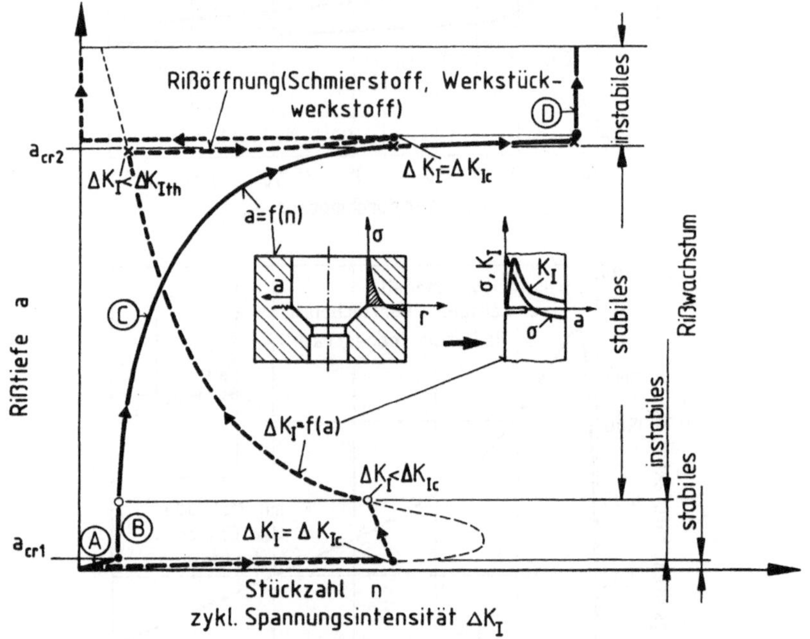

Bild 56: Beschreibung des Ermüdungsbruchverhaltens von VVFP-Werkzeugen mit
der rißtiefenabhängigen zyklischen Spannungsintensität.

Ausgehend von bearbeitungsbedingten Mikrokerben im Übergangsradius (vgl.
Bild 18 bzw. Abschnitt 7.1.1) kommt es zum Ermüdungsrißwachstum in den
Preßbüchsen, bei gleichzeitigem Anstieg der zyklischen Spannungsintensität
(Bild 56, Bereich A). Dieses Verhalten entspricht dem der zyklischen
Spannungsintensität und des Rißwachstums, wie es beim Durchlauf einer

Rißwachstumskurve durch die Bereiche I bis III auftritt (Bild 45). Erreicht ΔK_I den kritischen Wert der zyklischen Spannungsintensität ΔK_{Ic}, so kommt es zum instabilen Rißwachstum über mehrere Millimeter (Bild 56, Bereich B). An der Bruchfläche in Bild 53 ist dieser erste Bereich instabilen Rißfortschritts erkennbar. Die zyklische Spannungsintensität ΔK_I folgt dabei nicht dem rechnerisch ermittelten Verlauf in Abhängigkeit von der Rißtiefe, sondern wechselt beim Erreichen der werkstoffspezifischen Größe ΔK_{Ic} nach dem Entlasten (dies entspricht dem Überschreiten des Kraftmaximums im Kraft-Weg-Verlauf beim VVFP und anschließendem Stempelrückhub) auf den Ast niedrigerer Spannungsintensität.

Durch den instabilen Rißfortschritt mit der Folge niedrigerer ΔK_I-Werte wird das Werkzeugverhalten bei weiterer Werkstückfertigung wieder durch Ermüdungsvorgänge - also stabile Rißausbreitung - bestimmt. Auf der Bruchfläche bilden sich die typischen konzentrischen Strukturen (Bild 53). Die abnehmende zyklische Spannungsintensität ΔK_I bedingt bei weiterem Rißwachstum eine monotone Abnahme der Rißausbreitungsgeschwindigkeit (Bild 56, Bereich C). Die Verzögerung im da/dn-Verlauf des Werkzeuges ist vergleichbar mit dem Verlauf üblicher da/dN-ΔK-Kurven, wenn in abnehmenden Werten der zyklischen Spannungsintensität gedacht wird (Bereich III bis I). Dieses Phänomen wurde in der vorliegenden Literatur bisher nicht beschrieben.

Der Rißstopp im Werkzeug kann mit dem Absinken von ΔK_I unter den werkstoffspezifischen, bauteilabhängigen Schwellenwert ΔK_{Ith} erklärt werden. Der Riß ist (meßbar) nicht mehr wachstumsfähig und das Werkzeug dürfte theoretisch nicht mehr brechen. Die Praxis beweist aber das Gegenteil. Ausgehend vom Rißstopp kommt es nach stark unterschiedlichen Werkstückzahlen zum Restgewaltbruch, d.h. die kritische zyklische Spannungsintensität ΔK_{Ic} wird innerhalb weniger Preßzyklen im Werkzeug erreicht (Bild 56, Bereich D). Der Bereich instabilen Rißwachstums ist ebenfalls in der Querbruchfläche zu erkennen (Bild 53), deren Struktur die gesamte Lebensgeschichte der Werkzeuge umfaßt.

Der steile Anstieg von ΔK_I auf ΔK_{Ic} wird vorwiegend durch Werkstückwerkstoff (aber auch Schmierstoff) verursacht, der in den Riß eindringt (Bild 57). Voraussetzung hierfür ist das zufällige Zusammenwachsen von Rissen im Radienbereich (während der gesamten Werkzeuglebensdauer), mit der Folge von Werkzeugausbrüchen (vgl. Bild 50). Erreichen diese Ausbrüche nach unterschiedlichen Stückzahlen eine kritische Größe, so wird Werkstückwerkstoff unter dem hohen Innendruck in den Riß gepreßt und als konzentrischer Ring abgeschert (Bild 57a, Teil n_b-2). Die Spannungsintensität an der Rißspitze steigt steil an und kann schnell zum Restgewaltbruch führen. Dieser Vorgang wiederholt sich, wobei der Werkstoff zwischen den Rißflanken durch den Werkstoff von nachfolgendem Werkstück radial verdrängt wird (Bild 57b) und die Preßbüchse sprengt. An der Rißspitze ist die kritische Beanspruchung erreicht. Die obere Preßbüchsenhälfte wird aus dem kegeligen Schrumpfring gedrückt, und der Versuch muß abgebrochen werden: Die Werkzeuglebensdauer ist erschöpft.

7.1.4.3 Übertragung des an Bruchmechanikproben ermittelten Werkstoffverhaltens auf den Werkzeugbruch

Erst die Verknüpfung zwischen dem experimentell ermittelten Rißwachstum im Werkzeug mit der näherungsweise theoretisch berechneten Spannungsintensitätsverteilung ermöglicht eine sinngemäß richtige Übertragung von Ergebnissen der Bruchmechanikversuche auf das Bauteil. Entscheidend dafür ist die Erkenntnis, daß der stabile Rißfortschritt im Werkzeug (Bild 56, Bereich C) durch abnehmende K- und da/dN-Werte bestimmt wird (vgl. Abschnitt 7.1.4.2). Für die gesamte Werkzeuglebensdauer sind folgende Größen von entscheidender Bedeutung (Rißöffnungsart I):

- der Schwellenwert ΔK_{Ith} (Rißeinleitung, kritische Rißtiefe a_{cr2})

- die kritische zyklische Spannungsintensität ΔK_{Ic} (Rißtiefe a_{cr1}, Restgewaltbruch)

- die Rißausbreitungsgeschwindigkeit da/dN (Rißwachstum).

Diese Größen aus dem Laborversuch können wegen der völlig anderen Verhältnisse (Proben- und Werkzeuggeometrie, Beanspruchung) allerdings nur qualitativ auf die Werkzeuge übertragen werden. Die Einbeziehung fertigungsbedingter Oberflächeneinflüsse darf innerhalb dieser Betrachtung nicht außer Acht gelassen werden.

Die doppeltlogarithmische Auftragung der Rißausbreitungsgeschwindigkeit über der zyklischen Spannungsintensität ergibt die qualitativen Rißwachstumskurven der VVFP-Werkzeuge in Bild 58. Für die Darstellung wurden

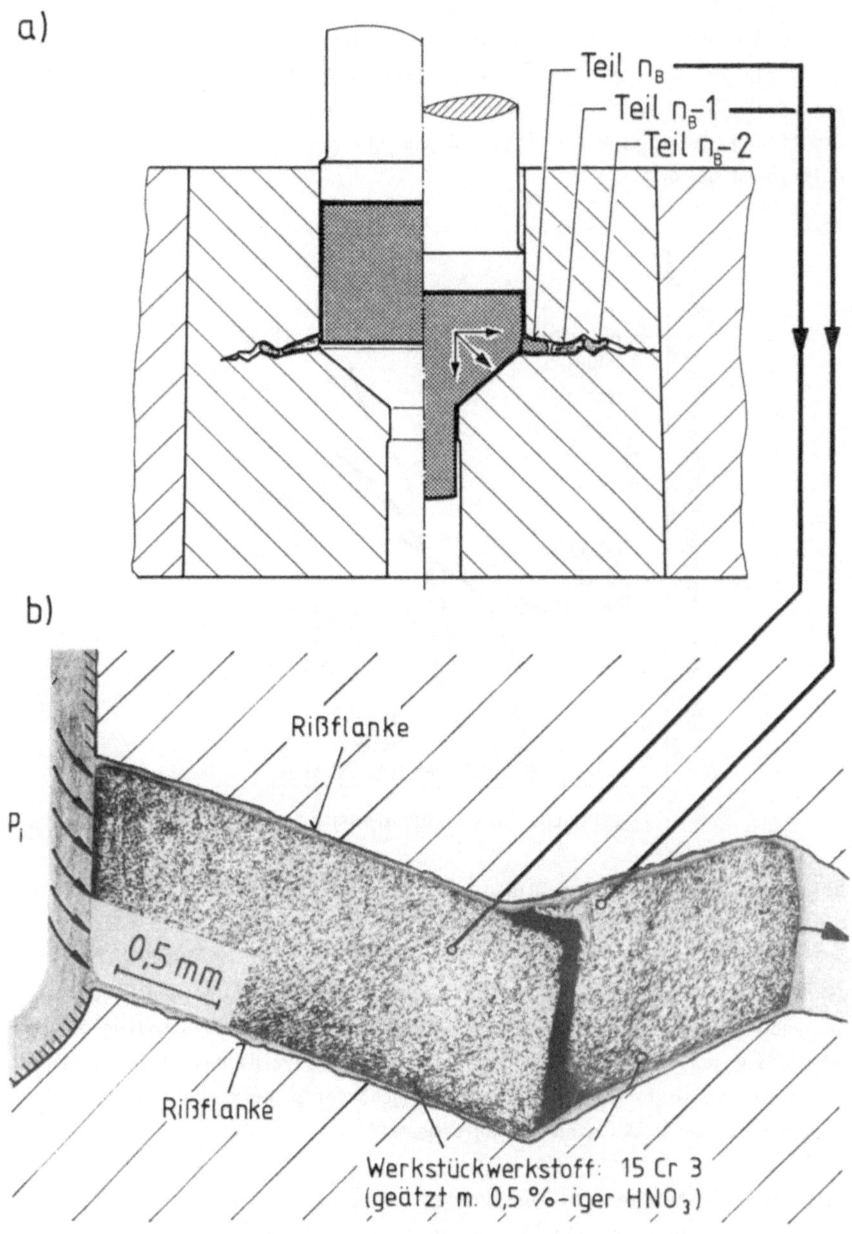

Bild 57: Rißöffnung beim Restgewaltbruch von VVFP-Werkzeugen.

rißtiefenabhängige, mittlere Rißausbreitungsgeschwindigkeiten im Bereich C der Rißausbreitung im Werkzeug (bei jeder Wärmebehandlung) ermittelt (Bild 51) und der zur jeweiligen Rißtiefe zugehörenden Spannungsintensität aus Bild 55 zugeordnet. Wegen der vereinfachenden Annahmen bei der Ermittlung der ΔK_I-Werte (vgl. Abschnitt7.1.4.1) wurde eine qualitative Auftragung gewählt.

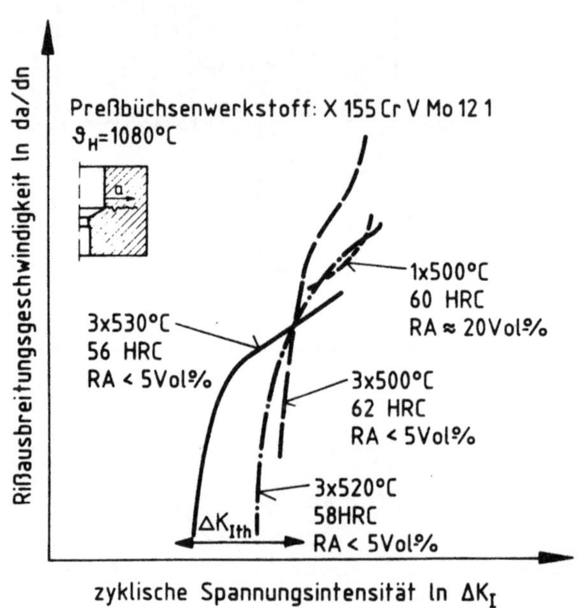

Bild 58: Veränderung der Rißausbreitung in VVFP-Werkzeugen durch die Wärmebehandlung.

Ein Vergleich zwischen dem Bauteilverhalten (Bild 58) und den Ergebnissen der Laborversuche (Bild 45) ergibt - außer bei der Wärmebehandlung mit dem erhöhten Restaustenitgehalt - eine gute qualitative Übereinstimmung. Wegen der Ausnahmestellung der auf 60 HRC gehärteten Werkzeuge werden diese zunächst in der Diskussion ausgeklammert.

Nach dem instabilen Rißfortschritt (Bild 56, Bereich B) werden die Rißwachstumskurven in Bild 58 von hohen zu niedrigen ΔK_I-Werten durchlaufen (Bild 56, Bereich C). Der Riß breitet sich bei einer Werkzeughärte von

62 HRC am schnellsten aus. Der anschließende Rißstop bei der kritischen Rißtiefe a_{cr2} tritt früh auf, da der Schwellenwert ΔK_{Ith} des Werkzeuges (qualitativ gleiches Verhalten wie in den Laborversuchen), unterhalb dessen kein meßbarer Rißfortschritt mehr stattfindet, unterschritten wird (Bild 58). Bei der Wärmebehandlung auf 58 HRC und 56 HRC ist das Werkzeugverhalten analog , wobei die Wärmebehandlung auf niedrige Härte am günstigsten abschneidet. Der Rißfortschritt erfolgt bei niedriger Ausbreitungsgeschwindigkeit auf die größte kritische Rißtiefe a_{cr2} (Bild 52 und 59). Wegen des niedrigen Schwellenwertes ΔK_{Ith} ist der Riß bis zum Stop bei 56 HRC am längsten wachstumsfähig, so daß der kritische Bereich - von dem aus instabiles Rißwachstum erfolgt - im Vergleich zu den anderen Wärmebehandlungen erst bei höheren Werkstückzahlen erreicht wird (Bild 51).

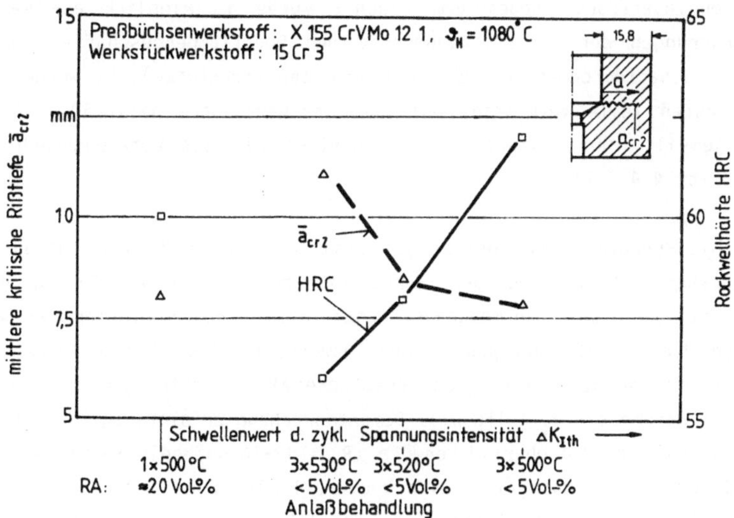

Bild 59: Veränderung des Zusammenhanges zwischen der kritischen Rißtiefe vor dem Restgewaltbruch und dem Schwellenwert der zyklischen Spannungsintensität des Werkzeuges (qualitativ) durch die Wärmebehandlung.

Im Hinblick auf den Restgewaltbruch ist die bei abnehmender Härte höhere Zähigkeit (Bild 33, 34, und 41) in zweifacher Hinsicht vorteilhaft. Zum einen ist der Widerstand gegen Werkzeugausbrüche im Radienbereich höher, zum anderen auch der Widerstand gegen den Restgewaltbruch durch den in den Riß eindringenden Werkstückwerkstoff und Schmierstoff.

Bei den Werkzeugen mit einer Härte von 60 HRC wurde in den Versuchen kein Rißstop im kritischen Bereich beobachtet, und der Restgewaltbruch erfolgte während der Rißausbreitung (Bild 51 und 58). Dies hängt mit dem niedrigsten Schwellenwert ΔK_{Ith} dieser Wärmebehandlungsvariante zusammen (Bild 45). ΔK_{Ith} wird im Werkzeug bei der Rißausbreitung nicht unterschritten, der Riß bleibt nicht stehen, und durch den eindringenden Werkstückwerkstoff und Schmierstoff kommt es zum vorzeitigen Restgewaltbruch.

7.2 WERKZEUGVERSAGEN DURCH VERSCHLEISS

Die Verschleißentwicklung der VVFP-Werkzeuge - als weitere Grenze der Werkzeuglebensdauer neben dem Bruch - wurde im Hinblick auf maßliche Veränderungen der Werkstückgeometrie und Oberflächenbeschaffenheit verfolgt (Schaftdurchmesser und Oberfläche der Werkstücke). Es wurden stets die ersten Teile vermessen sowie weitere Werkstücke nach 250, 500, 1000 und jeweils 1000 weiteren Fließpreßteilen bis zum Werkzeugbruch (vgl. Abschnitt 4.4.5.2).

Verschleißgrenzen eines Werkzeuges sind immer unter Berücksichtigung der vorgesehenen Verwendung der Werkstücke zu beurteilen. Da in dieser Hinsicht bei den Standmengenversuchen keine Grenzen vorgegeben waren, wurden die in /12/ angegebenen Absolutwerte für Werkstücktoleranzen nach dem Formfaktor der gefertigten Werkstücke als Verschleißgrenze angenommen (Schaftdurchmesser d_1 + 110 µm). Dementsprechend erfolgte auch die Vorgabe der Grenze für die Oberflächengüte (R_t = 12-16 µm) beim Kaltfließpressen von 15 Cr 3 /12/. Nach /103/ wird heute allerdings nur noch die gemittelte Rauhtiefe R_{zDIN} als Mittelwert aus fünf Maximalrauhwerten $Z_1...Z_5$ innerhalb der Meßstrecke bestimmt. Die Grenze mit R_t = 12-16 µm ist somit in bezug auf R_{zDIN} als zu eng anzusehen, d.h. R_{zDIN} täuscht eine zu gute Oberfläche vor.

Einschränkend muß zu den Ergebnissen bei der Verschleißentwicklung gesagt werden, daß die Werkzeugoberfläche im Bereich des Fließbundes nicht poliert, sondern nur geschliffen war (wegen des Fertigungsaufwandes und der für den Werkzeugbruch untergeordneten Bedeutung). Es ist denkbar, daß deshalb die jeweilige Verschleißgrenze zu schnell erreicht wurde. An der prinzipiellen Aussage über den Einfluß der Wärmebehandlung auf das Verschleißverhalten der Werkzeuge ändert sich aber nichts.

7.2.1 Einfluß der Wärmebehandlung der Werkzeuge auf die Maßhaltigkeit der Werkstücke

Trotz der identisch anzunehmenden Versuchsbedingungen ergaben sich in Abhängigkeit von der Wärmebehandlung erhebliche Streuungen im Verschleißverhalten der Werkzeuge (Bild 60). Eine Erklärung konnte dafür nicht gefunden werden, aber auch an anderer Stelle wurde über solche Schwankungen berichtet /8, 9/.

Die geringste verschleißbedingte Zunahme des Schaftdurchmessers wurde bei einer Werkzeughärte von 62 HRC beobachtet. Mit dem Außenmikrometer konnte bei diesem Werkzeugkollektiv bis zur maximalen Lebensdauer n_B = 3138 im Rahmen der Meßgenauigkeit (vgl. Abschnitt 4.4.5.2) kein Verschleiß gemessen werden. Bei der untersuchten Werkzeugauslegung und der Wärmebehandlung auf höchste Härte bestimmt somit der Werkzeugbruch die Standmenge.

Die Ergebnisse der Wärmebehandlungen auf 60 HRC, 58 HRC und 56 HRC zeigten einen direkten Zusammenhang zwischen Verschleiß und Werkzeughärte (Bild 60). Trotz der starken Schwankungen steigt die Zunahme des Schaftdurchmessers mit abnehmender Werkzeughärte eindeutig an (vgl. Bild 68 unten). Die Lebensdauer der Werkzeuge wird allerdings nur in zwei Fällen bei den auf 56 HRC gehärteten Preßbüchsen durch Erreichen der Maßtoleranzen der Werkstücke begrenzt, d.h. bevor Bruch auftritt (Bild 60c). Dies bestätigt, daß bei schwierigen Umformaufgaben der Werkzeugbruch gegenüber dem Verschleiß als Ausfallursache dominiert (vgl. Abschnitt 2.1).

Bis auf wenige Ausnahmen (Bild 60b) wurde bei allen Werkzeugen ein linearer Zusammenhang zwischen Verschleiß und Werkstückzahl festgestellt, in Übereinstimmung mit den in /9/ beschriebenen Verschleißuntersuchungen an Napf-Rückwärts-Fließpreßstempeln. Der in /9/ beobachtete typische Verschleißverlauf über der Stückzahl beim Stauchen zwischen ebenen Bahnen wurde auch in der vorliegenden Arbeit bei zwei Preßbüchsen mit 58 HRC festgestellt (Bild 60b). Während der Einlaufphase des Werkzeuges zu Beginn der Fertigung steigt der Verschleiß zunächst etwas stärker an, was in /9/ auf den Abtrag von Rauheitsspitzen zurückgeführt wird. Durch die zunehmende Tribokontaktfläche nimmt die Verschleißgeschwindigkeit ab, und der Verschleißbetrag nimmt bei weiterer Fertigung linear zur Werkstückzahl zu. Der Anstieg des Verschleißes bei hohen Stückzahlen (Bild 60b) kann auf das Ausbrechen der großen, verschleißmindernden Primärkarbide vom Typ M_7C_3 (beim Pressen und Ausstoßen der Werkstücke) zurückgeführt werden: Nach abrasiver Furchung der vergleichsweise weichen Grundmatrix sind die Karbide nicht mehr genügend verankert.

Bei einer Werkzeughärte von 60 HRC bzw. 56 HRC wurde dieser Verschleißanstieg nicht beobachtet (Bild 60a,c). Eine plausible Erklärung hierfür ist die Tatsache, daß bei 60 HRC mit der zu 58 HRC vergleichbaren Matrixzähigkeit (vgl. Abschnitt 6.4.1) der Stückzahlbereich, in dem vermehrt Karbide ausbrechen, gar nicht erst erreicht wird. Durch die deutlich höhere Matrixzähigkeit bei 56 HRC werden die Karbide besser festgehalten und es kommt zum Bruch bevor der Werkzeugverschleiß überproportional zunimmt.

Da die großen Primärkarbide nach Ergebnissen von Mikrohärtemessungen von der Wärmebehandlung unbeeinflußt bleiben, kommt den Matrixeigenschaften eine verschleißbestimmende Bedeutung zu. Von untergeordneter Bedeutung sind die kleineren Sekundärkarbide. Zwar erhöhen sie zusammen mit den Sonderkarbiden die Matrixhärte, werden aber bei abrasiver Verschleißbeanspruchung wegen ihrer kugeligen Form und geringen Größe nach /63/ leicht aus der Matrix ausgehoben.

Additional material from *Untersuchung des Werkzeugbruches beim Voll-Vorwärts- Fließpressen*
ISBN 978-3-540-18376-1 (978-3-540-18376-1_OSFO6),
is available at http://extras.springer.com

Der die verschleißmindernde Wirkung der Primärkarbide überdeckende Einfluß der Gefügematrix wird bestätigt durch den mit abnehmender Härte und zunehmender Rißzähigkeit sinkenden Verschleißwiderstand (Kehrwert des Verschleißes) der Preßbüchsen (Bild 61). Dieses Verhalten wurde auch beim Werkzeugstahl 90 MnCrV 8 beobachtet /120/. Wenn der Einfluß der Matrixhärte (sie bestimmt den integralen Härtewert der Werkzeuge) nicht dominierte, müßte mit abnehmender Härte und steigender Rißzähigkeit der Verschleißwiderstand ebenfalls zunehmen, da die Haftung der Karbide verbessert ist. Unter bestimmten Bedingungen kann dieses Verhalten in der Tat auftreten /120/.

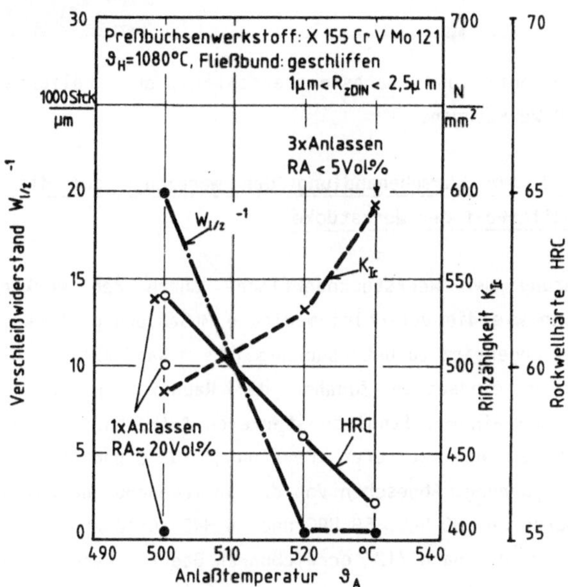

Bild 61: Veränderung von Verschleißwiderstand, Härte und Rißzähigkeit bei VVFP-Werkzeugen durch deren Wärmebehandlung.

Im Schulterbereich der Preßbüchse in Bild 53 sind deutlich adhäsive Verschweißungen zwischen Werkstückwerkstoff und Werkzeug zu erkennen. Die Ablösung dieser hochverfestigten Werkstoffverschweißungen unter der Wirkung von Schubspannungen führt zum abrasiven Verschleiß der Werkzeuge (Bild 62).

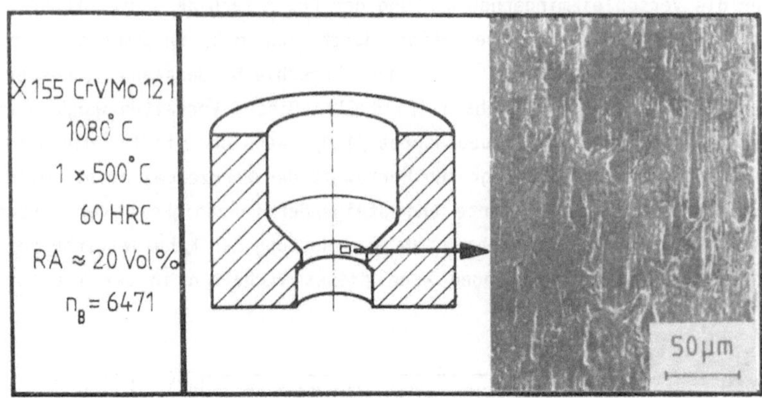

Bild 62: Adhäsions- und Abrasionsverschleiß der Kalibrierstrecke in VVFP-Werkzeugen.

7.2.2 Einfluß der Wärmebehandlung der Werkzeuge auf die Oberflächenbeschaffenheit der Werkstücke

Die Veränderung der Werkstückoberfläche durch den Werkzeugverschleiß zeigte ähnlich wie die verschleißbedingte Maßänderung starke Schwankungen (Bild 63). Im Gegensatz zu Untersuchungen beim Napf-Rückwärts-Fließpressen /8/ wurde eine eindeutige Zunahme der Rauheit mit der Werkstückzahl beobachtet. Nach einer anfänglich stärkeren Aufrauhung der Werkstückoberfläche kommt es bei weiterer Fertigung zu einer nahezu konstanten Oberflächenaufrauhung. Abgesehen von der Wärmebehandlung auf höchste Härte (Bild 63a) wurde bei 60 HRC, 58 HRC und 56 HRC (Bild 63 b,c,d) zum Teil die Verschleißgrenze der nach /12/ erreichbaren Oberflächengüte überschritten. Würde diese Grenze als weiterer standmengenbestimmender Faktor zugrundegelegt, so müßte in den meisten Fällen die Fertigung wegen der verschleißbedingten Verschlechterung der Werkstückoberfläche schon vor dem Lebensdauerende durch Werkzeugbruch eingestellt werden.

Tendenziell wurde bei einer Werkzeughärte von 62 HRC und 58 HRC die stärkste Aufrauhung der Werkstückoberfläche beobachtet (vgl. Bild 69 unten). Denkbar wäre (abgesehen von der Wärmebehandlung auf 60 HRC mit dem erhöhten Restaustenitgehalt), daß bei höherer Werkzeughärte die losgelösten Kaltverschweißungen die Werkstückoberfläche stärker abrasiv verschleißen als beim weicheren Werkzeug. In diesem Fall unterliegt die

Werkzeugoberfläche ebenfalls einer starken Verschleißbeanspruchung. Diese Erklärung der Verschleißmechanismen erscheint plausibel, zumal sie in Einklang mit der verschleißbedingten Veränderung der Maßhaltigkeit steht (vgl. Bild 68 unten).

Eine anschauliche Darstellung der Oberflächenaufrauhung der Fließpreßteile (im wesentlichen als Abbild der Werkzeugoberfläche) ist in Bild 64 zu sehen. Anhand der Meßschriebe der Werkstückoberfläche wird deutlich, daß mit zunehmender Stückzahl die Grundmatrix der Preßbüchsen abrasiv gefurcht wird. Die Werkstückoberfläche rauht auf.

Additional material from Untersuchung des Werkzeugbruches
beim Voll-Vorwärts- Fließpressen
ISBN 978-3-540-18376-1 (978-3-540-18376-1_OSFO7),
is available at http://extras.springer.com

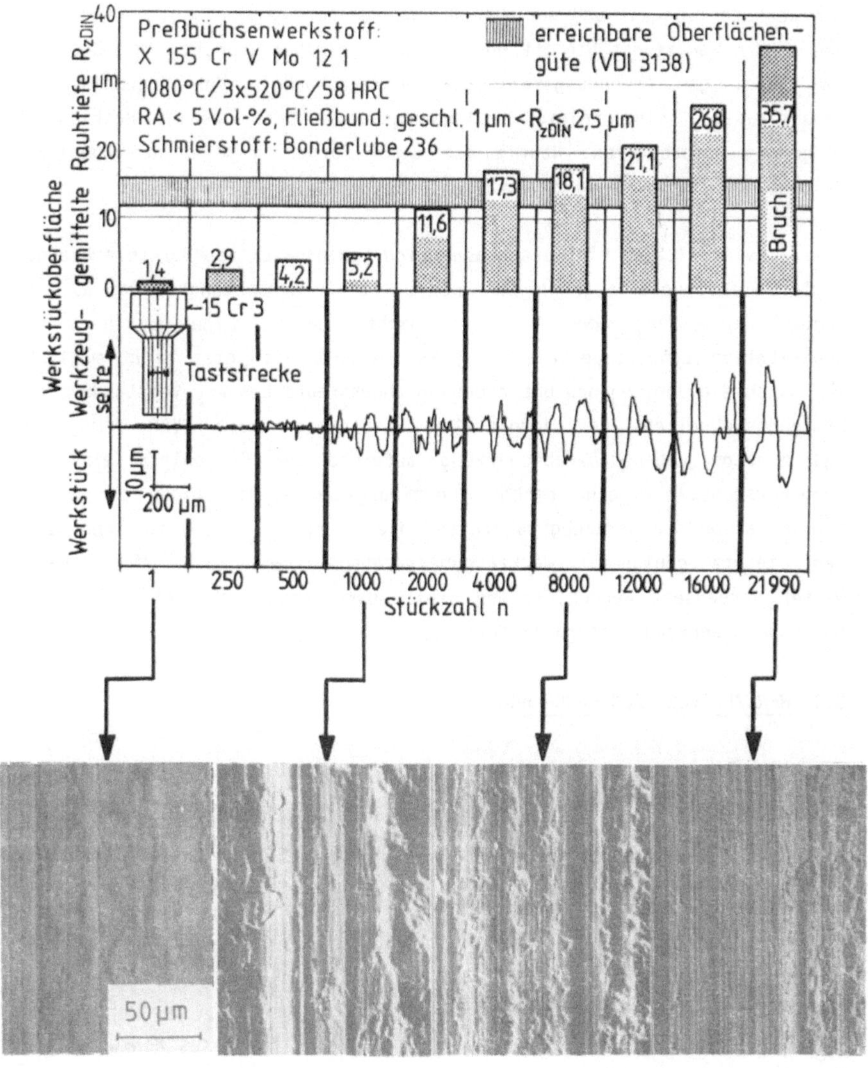

Bild 64: Durch den Werkzeugverschleiß bedingte Veränderung der Werkstückoberfläche beim VVFP.

8 HINWEISE FÜR DIE PRAXIS ZUR LEBENSDAUERABSCHÄTZUNG

Zur Werkstoffauswahl und zur Auswahl geeigneter Wärmebehandlungsbedingungen werden Werkzeugstähle oft nur in Laborversuchen geprüft. Um jedoch für den jeweiligen Anwendungsfall die Übertragbarkeit der Ergebnisse zu gewährleisten, sind praxisnahe Untersuchungen unter realen Betriebsbedingungen erforderlich. Häufig ist diese Forderung wegen der komplexen Systemeigenschaften kaum zu erfüllen.

Die von vielfältigen Einflüssen abhängige Lebensdauer von Umformwerkzeugen (vgl. Bild 3) unterliegt in der Praxis starken Schwankungen, was auch im Rahmen der vorliegenden Arbeit beobachtet wurde. Eine wünschenswerte quantitative Lebensdauerberechnung ist deshalb bis jetzt nicht möglich. Das durch die vorliegende Untersuchung angestrebte bessere Verständnis des Ermüdungsverhaltens der abgesetzten Preßbüchsen beim VVFP ermöglicht jedoch eine Lebensdauerabschätzung aufgrund der Ergebnisse einfacher Laborversuche. Für eine erhöhte Fertigungssicherheit bildet die genaue Dokumentation der Werkzeugstandzeiten die Grundlage /2/; diese kann durch den Einsatz geeigneter Werkzeugüberwachungssysteme (z.B. Ultraschall) weiter verbessert werden, sofern diese ausreichende Information über den momentanen Werkzeugzustand liefern.

8.1 WERKZEUGVERSAGEN DURCH BRUCH

Für eine Eigenschaftsbeurteilung von Werkzeugstählen und zur Auswahl der Wärmebehandlung eignen sich vergleichsweise einfache Laborversuche, die es ermöglichen, auf teure und aufwendige Betriebserfahrungen zu verzichten.

Zur Beurteilung der Bruchsicherheit - im Hinblick auf den Gewaltbruch der Preßbüchsen in Längsrichtung durch tangentiale Zugspannungen - bieten sich Zähigkeitskenngrößen aus dem Biege- und Stauchversuch an, ferner die vergleichsweise aufwendig zu bestimmende Rißzähigkeit K_{Ic}. Der Vorteil von K_{Ic} ist in der Möglichkeit zu sehen, daß mit Hilfe dieses Kennwertes im Prinzip die kritische Rißtiefe bzw. die kritische Beanspruchung in VVFP-Werkzeugen abgeschätzt werden kann (vgl. Abschnitt 4.3.5.1, Gl.(6)). Allerdings muß die geometrische Korrekturfunktion f(a/W) durch aufwendige numerische Berechnungen ermittelt werden, da sie zum gegenwärtigen Zeitpunkt für komplexe Werkzeugstrukturen nicht aus der Literatur entnommen werden kann.

Die zur Auswahl von Werkzeugstählen und ihrer Wärmebehandlung herangezogenen quasistatischen Kenngrößen können nach den vorliegenden Ergebnissen auch zur Beurteilung des Ermüdungsbruchverhaltens herangezogen werden. Zusammen mit der Rißausbreitungsgeschwindigkeit da/dN ist eine qualitative Lebensdauerabschätzung aufgrund der Ergebnisse einfacher Lavorversuche möglich. Diese Kurzzeitprüfung hilft teure Betriebserfahrungen einzusparen. Jedoch ist eine zuverlässige Berechnung kritischer Größen (Rißtiefe, Beanspruchung) zum gegenwärtigen Zeitpunkt wegen der komplexen Beanspruchungsverhältnisse (vgl. Abschnitt 7.1.4.1) noch nicht möglich. Wegen des gemischten Beanspruchungsmodus wird die Intensität des Spannungsfeldes sowohl durch K_I als auch K_{II} gekennzeichnet. Es ist aber nicht möglich, nach Kenntnis der kritischen Rißzähigkeiten K_{Ic} bzw. K_{IIc} durch deren Gegenüberstellung zu einer zuverlässigen Aussage hinsichtlich der Bruchgefahr zu kommen. Daran ändert nach /121/ auch die Anwendung von Bruchkriterien in der Art von Festigkeitshypothesen nichts; es besteht daher die Notwendigkeit, Rißzähigkeiten bei überlagerter Normal- und Schubbeanspruchung (unter Bedingungen näherungsweise zum Werkzeug) zu ermitteln. Dies gilt auch für eine verbesserte Beurteilung der Rißausbreitung anhand von Laborversuchen.

Nach dem jetzigen Kenntnisstand erscheint es am zweckmäßigsten, das Ermüdungsrißwachstum mit Ultraschall zu verfolgen (bis zum Erreichen der kritischen Rißtiefe a_{cr2}). Wegen der erwähnten Stückzahlschwankungen bis zum Restgewaltbruch kann sich eine Aussage über das Bruchverhalten allerdings nicht auf ein einzelnes Werkzeug, sondern nur auf ein Kollektiv gleichartiger Werkzeuge beziehen, sie hat statistischen Charakter.

Die mittlere Rißausbreitungsgeschwindigkeit für ein Werkzeugkollektiv mit gegebener Wärmbehandlung ermöglicht eine quantitative Abschätzung der Werkstückzahl bis zum Erreichen des kritischen Rißtiefenbereiches, von dem ausgehend der Restgewaltbruch erfolgt (Bild 65). Damit läßt sich die Fertigungssicherheit erhöhen, da rechtzeitig die erforderlichen Ersatzwerkzeuge bereitgestellt werden können; Stillstandszeiten lassen sich minimieren, in dem in Fertigungspausen ein rechtzeitiger Werkzeugwechsel erfolgt.

Wird die volle Produktionsreserve der Werkzeuge bis zum Ermüdungsbruch ausgenutzt, so bietet sich zur Beurteilung des Werkzeugversagens eine Standzeitdokumentation an. Die entsprechende Aufbereitung mit statistischen Methoden (vgl. Abschnitt 4.3.3) liefert die Ausfallcharakteristik der Werkzeuge (Bild 66). Die Summenhäufigkeit der Bruchwahrscheinlichkeit P_B über der Werkstückzahl n_B bis zum Bruch ermöglicht durch eine Regressionsrechnung eine Abschätzung der Werkstückzahl für eine vorgegebene kleine Bruchwahrscheinlichkeit.

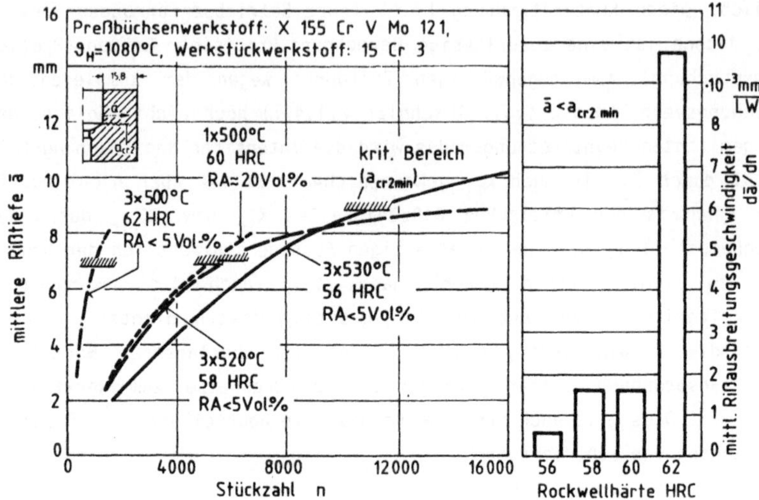

Bild 65: Ermüdungsrißausbreitung in VVFP-Werkzeugen.

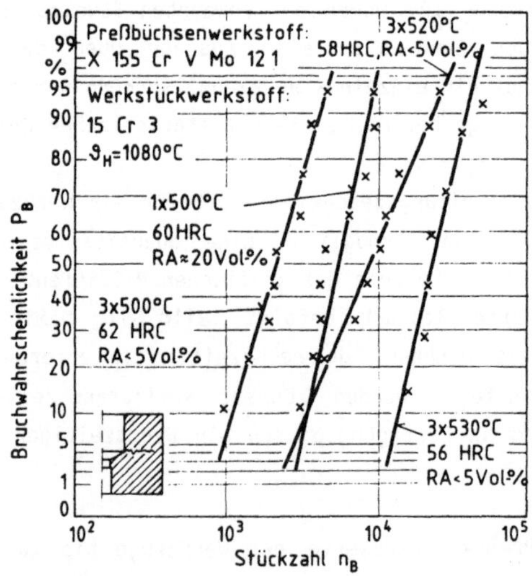

Bild 66: Ausfallcharakteristik unterschiedlich wärmebehandelter Werkzeug-
kollektive beim VVFP.

Zur Beurteilung und Abschätzung der Werkzeuglebensdauer im Hinblick auf den Bruch bietet sich zum gegenwärtigen Zeitpunkt für die Praxis die im Rahmen der Untersuchung gewählte Vorgehensweise nach Bild 67 an. Die Verknüpfung von bruchmechanischen Werkstoffkenngrößen mit der Dokumentation aus der betrieblichen Werkzeugüberwachung führt nach einer Beanspruchungsanalyse der Werkzeugstruktur - im ungerissenen und gerissenen Zustand - zur Beurteilung des Bruchverhaltens. Eine genauere quantitative Lebensdauerberechnung ist ein Fernziel. Grundlage dafür sind notwendige Entwicklungen bei den Laborversuchen, der Werkzeugüberwachung im Betrieb und bei der Beanspruchungsanalyse der Werkzeuge.

In Laborversuchen sollen - wie beschrieben - die Verhältnisse durch Überlagerung verschiedener Rißöffnungsarten besser angenähert werden, um realistischere Werte der Rißzähigkeit und der Rißwachstumskurven zu ermitteln.

Die Werkzeugüberwachung ist weiterzuentwickeln, so daß der Rißfortschritt kontinuierlich erfaßt werden kann und die Fertigungs- und Aussagesicherheit weiter verbessert wird. Als konstruktiver Vorschlag wäre eine Positionierung eines radial verschiebbaren Ultraschallprüfkopfes unter der Preßbüchse zu nennen. Einfacher erscheint aber eine Anordnung mehrerer Prüfköpfe (3 bis 4) am Umfang der Preßbüchse in der Zwischenplatte (Bild 2) in unterschiedlichen Radialabständen: Mit fortschreitender Rißtiefe kann dann von einem auf den anderen Prüfkopf umgeschaltet werden und so das Rißwachstum kontinuierlich verfolgt werden.

Die Kosten für ein derartiges Überwachungssystem dürften bei ungefähr DM 15.000,-- liegen; dies erscheint im Hinblick auf den Informationsgewinn bezüglich des Ermüdungsverhaltens im Vergleich zu herkömmlichen Überwachungssystemen auf Kraftmeßbasis (Investitionskosten je nach Auslegung DM 20.000,-- bis DM 40.000,--) durchaus konkurrenzfähig zu sein.

Zur Beanspruchungsanalyse der Werkzeuge im ungerissenen Zustand mit numerischen Methoden müssen von der Praxis realistische Eingangsdaten hinsichtlich Reibung, Innendruck und Innendruckverteilung bereitgestellt werden. Die dann vorliegenden exakten Nennspannungsverteilungenn können als Eingangsdaten für numerische Bruchmechanikrechnungen dienen, wobei die Überlagerung der Rißöffnungsarten ebenso zu berücksichtigen ist wie die genaue Modellierung der Werkzeugstruktur (Korrekturfunktion!). Erste Ansätze in dieser Richtung zur Lebensdauerberechnung finden sich in /122/.

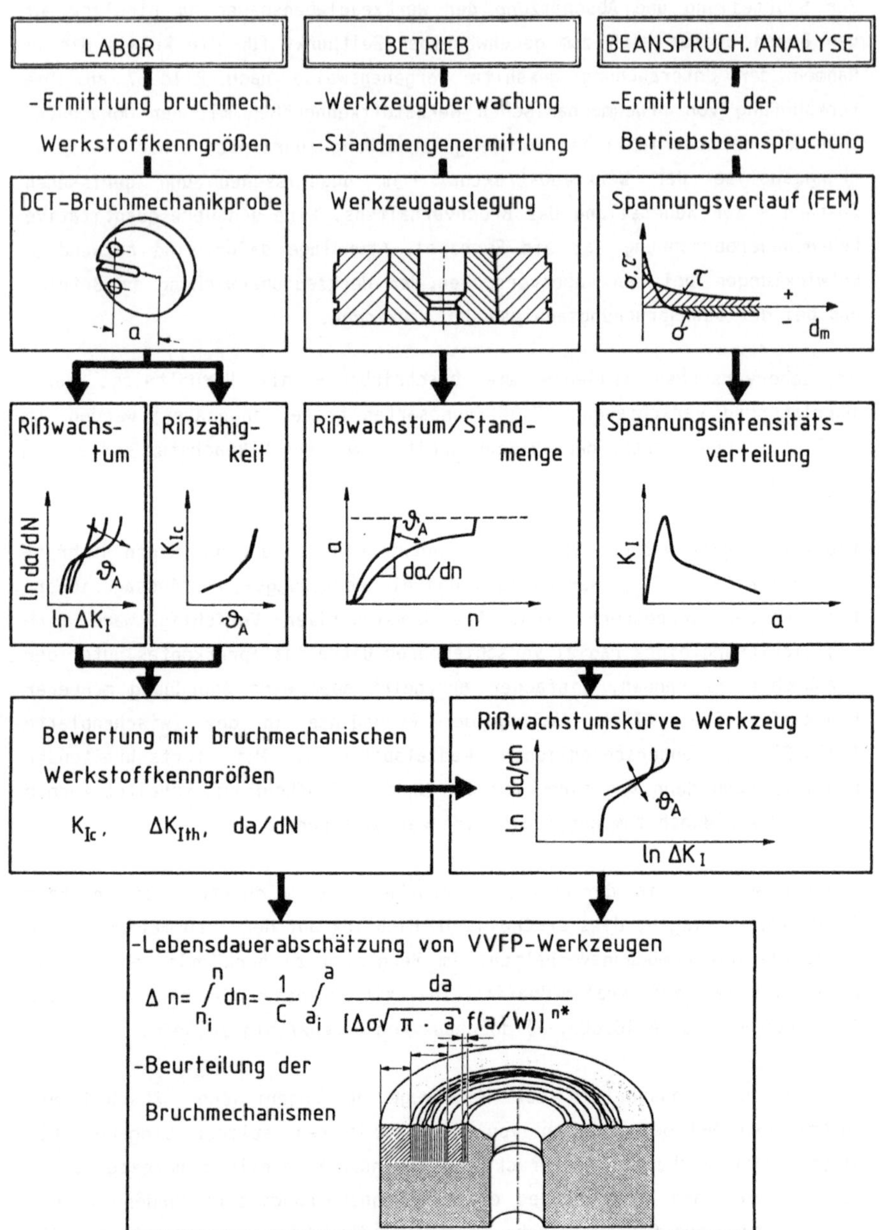

$$\Delta n = \int_{n_i}^{n} dn = \frac{1}{C} \int_{a_i}^{a} \frac{da}{[\Delta\sigma\sqrt{\pi \cdot a}\, f(a/W)]^{n^*}}$$

Bild 67: Vorgehensweise bei der Beurteilung des Werkzeugbruches.

8.2 WERKZEUGVERSAGEN DURCH VERSCHLEISS

Eine qualitative Abschätzung der Verschleißentwicklung in Abhängigkeit von der Wärmebehandlung der Preßbüchsen ist am einfachsten über Härtemessungen möglich.

Die Maßhaltigkeit der Werkstücke verschlechtert sich mit abnehmender Härte der Werkzeuge, bei gleichzeitig zunehmender Bruchsicherheit (Bild 68). Die verschleißbedingten Unterschiede sind allerdings im Vergleich zum Gewinn an Lebensdauer gering.

Quantitativ läßt sich die Verschleißentwicklung über den mittleren Verschleiß (Verschleißgeschwindigkeit) bis zur Verschleißgrenze berechnen (Bild 68). Diese Grenze wurde unter den vorliegenden Versuchsbedingungen allerdings nur in Ausnahmefällen erreicht; im allgemeinen dominiert der Ermüdungsbruch.

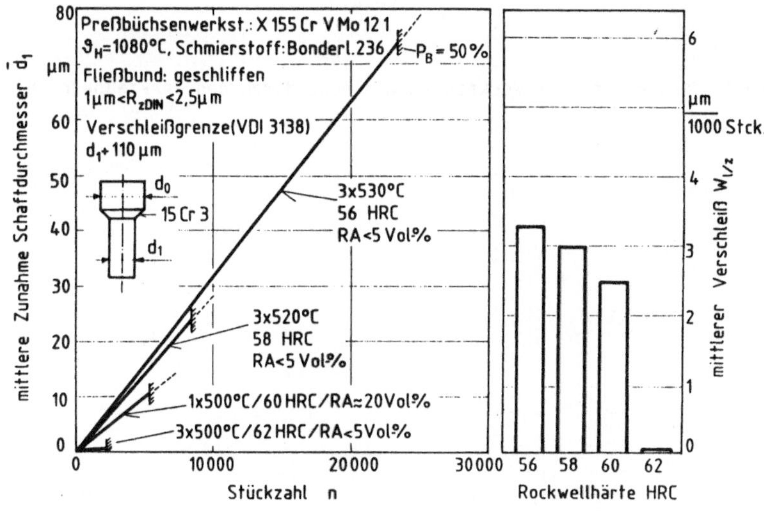

Bild 68: Veränderung der Werkstückmaßhaltigkeit durch den Werkzeugverschleiß.

Die Aufrauhung der Werkstückoberfläche nimmt tendenziell mit steigender Härte zu (ausgenommen beim Stahl mit der Wärmebehandlung auf 60 HRC), wobei die nach /12/ erreichbare Oberflächengüte zum Teil überschritten wurde (Bild 69). Legt die Werkstückoberfläche die Verschleißgrenze fest, so fallen damit die Werkzeuge schon vor dem Bruch aus.

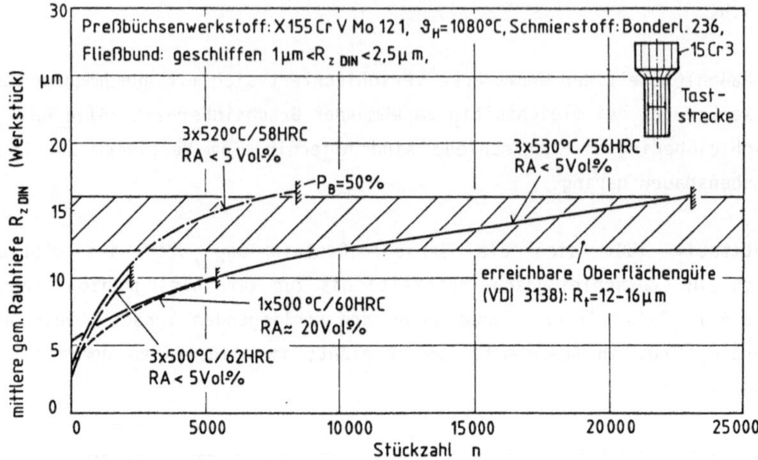

Bild 69: Veränderung der Werkstückoberfläche durch den Werkzeugverschleiß.

9 ZUSAMMENFASSUNG UND AUSBLICK

Neben dem Werkzeugverschleiß ist in der Kaltmassivumformung der Werkzeugbruch das wichtigste Ausfallkriterium. Bei der Fertigung schwieriger Umformteile fallen bis zu 100% der Werkzeuge durch Ermüdungsbruch aus.

Diese Versagensfälle führen wegen der damit verbundenen Lebensdauerschwankungen der Werkzeuge zu einer geringen Fertigungssicherheit; daher wird eine Erhöhung der Werkzeuglebensdauer bzw. deren genaue Vorhersage angestrebt. Grundlage hierfür kann nur die Kenntnis der Ursachen sein, die zum Werkzeugversagen führen.

Ausgehend von diesem unbefriedigenden Zustand wurde der Einfluß verschiedener Wärmebehandlungen auf die Eigenschaften des Werkzeug-Kaltarbeitsstahles X 155 CrVMo 12 1 in einfachen Laborversuchen mit Proben erfaßt. Anschließend erfolgte eine Untersuchung des Betriebsverhaltens realer Werkzeuge beim VVFP unter fertigungsnahen Bedingungen. Von vorrangigem Interesse war dabei der Werkzeugbruch, über den im Vergleich zum Verschleiß kaum Erkenntnisse vorlagen.

Die gewählte Vorgehensweise sollte klären, wieweit sich Ergebnisse vergleichsweise einfacher Versuche im Labor auf das Betriebsverhalten von Bauteilen (VVFP-Werkzeuge) übertragen lassen, um zukünftig die Wärmebehandlung hinsichtlich des Werkzeugbruches beurteilen und optimieren zu können. Von Interesse ist in diesem Zusammenhang eine zuverlässige Abschätzung der voraussichtlichen Werkzeuglebensdauer. Die zeitaufwendigen und teuren Betriebserfahrungen könnten dann entfallen.

Die Grundlage für die Labor- und Standmengenversuche wurde durch eine Voruntersuchung zur Festlegung exakter Wärmebehandlungstemperaturen beim Härten und Anlassen des Werkzeugstahles gebildet. Aus den chargenabhängigen Daten wurden vier Wärmebehandlungsvarianten im praxisüblichen Härtebereich für Kaltfließpreßwerkzeuge zwischen 56 HRC und 62 HRC ausgewählt.

Die qualitative Übertragbarkeit der Ergebnisse aus dem Labor (quasistatische Biege- und Stauchversuche, Umlaufbiegeversuche und Bruchmechanikversuche) auf das Betriebsverhalten der Werkzeuge war gut. Als geeignete Größen zur Beurteilung des Werkzeugbruches in Abhängigkeit von der Wärmebehandlung haben sich der plastische Biege- und Staucharbeitsanteil, ferner die Rißzähigkeit und die Rißausbreitungsgeschwindigkeit erwiesen.

Aufgrund der Ermüdungsversuche im Labor überraschte es nicht, daß die Werkzeuglebensdauer im praktischen Einsatz ebenfalls starken Streuungen unterlag. Eine Aussage über das Ermüdungsverhalten der Werkzeuge kann sich somit nur auf ein Kollektiv gleichartiger Werkzeuge beziehen.

Für jede Wärmebehandlung wurden mindestens sieben VVFP-Werkzeuge bis zum vollständigen Ermüdungsbruch beansprucht und zu diesem Zweck insgesamt nahezu 400.000(!) Werkstücke gefertigt. Erstmals kam in der Umformtechnik eine Werkzeugüberwachung mit Wirbelstrom und Ultraschall zum Einsatz. Diese zerstörungsfreien Prüfverfahren ermöglichten die Erfassung der Ermüdungsrißausbreitung in Abhängigkeit von der Stückzahl.

Das komplexe Bruchverhalten der VVFP-Werkzeuge ließ sich anhand einer Verteilung der Spannungsintensität erklären, die sich aus einer Bruchmechanikrechnung für ein vereinfachtes Modell ergab. Die Ergebnisse sind qualitativ auf das Werkzeug übertragbar, wobei das beobachtete Ermüdungsrißwachstum in das Werkzeug einem umgekehrten Durchlauf einer Rißwachstumskurve entspricht. Der Riß läuft mit zunehmender Rißtiefe langsamer, wobei die zyklische Spannungsintensität abnimmt. Dieses Phänomen wurde in der vorliegenden Literatur bisher nicht beschrieben.

Die Bruchmechanismen beim Ermüdungsbruch in VVFP-Werkzeugen sind aufgrund von Laborversuchen, Standmengenversuchen und einer bruchmechanischen Berechnung im Prinzip geklärt. Eine Auswahl geeigneter Wärmebehandlungen mit einfachen Laborversuchen ist bei gleichzeitiger qualitativer Abschätzung der Werkzeuglebensdauer möglich.

Eine Verbesserung der Situation hin zu höherer Fertigungssicherheit ist möglich durch die Verwendung entsprechender Überwachungssysteme, die eine lückenlose Information über den momentanen Werkzeugzustand geben. Für eine derartige Entwicklung werden mögliche Lösungen beschrieben.

Für eine quantitative Lebensdauerabschätzung müssen zukünftig theoretische Modelle und praktische Versuche entwickelt werden, die das komplexe Bruchverhalten der Werkzeuge mit Methoden der Bruchmechanik beschreiben.

Als Eingangsdaten für eine Lebensdauerberechnung müssen exakte Werkstoff-
daten der wärmebehandelten Werkzeugstähle und Daten aus Beanspruchungsanalysen der Werkzeuge bereitgestellt werden.

Der in der Untersuchung eingeschlagene Weg weist die Richtung für
zukünftige Entwicklungen zur Verbesserung der Werkzeuge und ihrer
Auswirkung auf das System der Umformtechnik (Bild 1). Der interdisziplinäre Charakter der Vorgehensweise erfordert eine enge Zusammenarbeit
zwischen der Werkstoffwissenschaft, der Bruchmechanik und der Umformtechnik, um die fortschrittliche Werkzeugtechnik in einer modernen Fertigung
weiterzuentwickeln.

ANHANG

Werkzeuge \ Bearbeitungsfolge -Bearbeitung -Oberfläche	Schleifen		Läppen	Polieren
	Schruppen	Schlichten		
	Werkzeuge, Hilfsmittel, Bearbeitungsdauer			
IfU -geschliffen $-1\ \mu m < R_{zDIN} < 2,5\ \mu m$	bornitridbeschichtete Formschleifstifte 1) Körnung B 151	2) Körnung B 64 3) Siliciumkarbid SC 80 H8 KE		
IfU -geschliffen, poliert $-R_{zDIN} < 0,5\ \mu m$	bornitridbeschichtete Formschleifstifte 1) Körnung B 151	2) Körnung B 64 3) Siliciumkarbid SC 80 H8 KE		4) profilierte Messingdorne m. Diamantpaste (Körnung: 30,15, 7, 3 µm) 5) profilierte Harthölzer m. Diamantpaste (Körnung: 1, 0,25 µm) → jeweils 5 Minuten
Industrie -geschliffen, geläppt, poliert $-R_{zDIN} < 0,3\ \mu m$	bornitridbeschichtete Formschleifstifte 1) Körnung B 151		2) profilierte, verstellbare Gußdorne m. Borkarbid K 600 → ungefähr 30 Minuten	3) wattebeschichtetes Hartholz m. Diamantpaste (Körnung: 7 µm → ungefähr 15 Minuten

Tabelle 1: Arbeitsfolge bei der Oberflächenfeinbearbeitung der Werkzeuge für die Standmengenversuche.

Behandlung	Medium	Tauchzeit	Temperatur	Badzusammensetzung/Bemerkungen
1) Entfetten	Degrelit 110*	10 min einmaliges Tauchen	85° C	- Ätznatron, Komplexbildner, Netzmittel - alkalisches Entfettungsbad zum Reinigen der gescherten Rohteile (Badkonzentration: 5 - 7 %)
2) Spülen	Wasser	2 - 3 min mehrmaliges Tauchen	RT	- Abwaschen des alkalischen Reinigers
3) Beizen	Schwefelsäure	10 min mehrmaliges Tauchen	55° C	- 96 %-ige H_2SO_4, org. Verbindung (Derolit-Additiv T2**) - säurehaltiges Beizbad (Badkonzentration: 20 % Schwefelsäure, 0,1 % Additiv)
4) Spülen	Wasser	2 - 3 min mehrmaliges Tauchen	RT	- Abwaschen der Beize
5) Spülen	Wasser	2 - 3 min mehrmaliges Tauchen	60° C	- Vorwärmung der Rohteile
6) Phospha-tieren	Ziehbonder 563**	8 min einmaliges Tauchen	75° C	- Zinknitrat, Phosphorsäure, Nickel - Phosphatierverfahren auf Zinkphosphatschicht (Badkonzentration: 39 Phosphatpunkte bzw. 2,2 g Fe(II)/l Phosphatierbad); Schichtdicke ≈ 5 μm
7) Spülen	Wasser	1 min mehrmaliges Tauchen	RT	- Abwaschen des Phosphatierbades
8) Spülen	Wasser	2 - 3 min einmaliges Tauchen	60° C	- Vorwärmung der Rohteile
9) Beseifen	Bonderlube 236**	4 min mehrmaliges Tauchen	75° C	- Natriumsalz, diverse Fettsäuren - Schmierstoff auf Seifenbasis (Badkonzentration: 9 Bonderlubepunkte)
10) Trocknung	Luft	2 min	60° C	- Seifentrocknung

Hersteller: * Zwez; ** Chemetall

Tabelle 2: Arbeitsfolge bei der Oberflächenbehandlung von 15 Cr 3.

<u>**SCHRIFTTUM**</u>

/1/ Lange, K. u.a.: **Möglichkeiten moderner Umformtechnik.** wt - Z. ind. Fertig. 73 (1983) 6, S. 349 - 358.

/2/ Geiger, R.: **System zum Erfassen und Senken des Werkzeugverbrauchs beim Kaltmassivumformen.** wt - Z. ind. Fertig. 69 (1979) 12, S. 763 - 769.

/3/ Schröder, G.: **Fortschrittliche Werkzeugtechnik in der modernen Fertigung.** Techn. Rundschau 76 (1984) 48, S. 28 - 35.

/4/ Onufer, G.; Lenox, K.: **Optimum Stamping Rate and Automatic Control.** Speed Pressworking (1980) 11, S. 94 - 95.

/5/ Kup, B; Walter, E.: **Prozeßüberwachung und -steuerung beim Kaltmassivumformen.** Werkstatt u. Betrieb 117 (1984) 10, S. 601 - 604.

/6/ Brankamp, K.; Bongartz, B.: **Der moderne Stanzbetrieb: Vom Sensormonitoring zur Geisterschicht.** Düsseldorf : VDI-Verlag 1985.

/7/ Weiergräber, M.: **Werkzeugverschleiß in der Massivumformung.** Berichte aus dem Institut für Umformtechnik Nr. 73, Universität Stuttgart. Berlin/Heidelberg/New York/Tokyo: Springer 1981.

/8/ Nehl, E.: **Messung des Werkzeugverschleißes bei der Kalt- und Halbwarmumformung mit Radionukliden.** Berichte aus dem Institut für Umformtechnik Nr. 82, Universität Stuttgart. Berlin/Heidelberg/New York/Tokyo: Springer 1986.

/9/ Westheide, H.: **Einfluß von Oberflächenbeschichtungen auf den Werkzeugverschleiß bei der Massivumformung.** Berichte aus dem Institut für Umformtechnik Nr. 87, Universität Stuttgart. Berlin/Heidelberg/New York/Tokyo: Springer 1986.

/10/ Lange, K.: **Umformtechnik. Handbuch für Industrie und Wissenschaft Bd. 1, 1. Auflage.** Berlin/Heidelberg/New York/Tokyo: Springer 1984.

- 149 -

/11/   DIN 8583 Blatt 6: **Fertigungsverfahren Druckumformen.** Berlin/ Köln:
         Beuth-Verlag 1969.

/12/   VDI-Richtlinie 3138: **Kaltfließpressen von Stählen und NE-Metallen.**
         Düsseldorf: VDI-Verlag 1970.

/13/   Schmidt, H.: **Werkzeuge für die Kaltmassivumformung.** In: Proceedings
         "7. Int. Congr. Cold Forging". Birmingham 1985.

/14/   Geiger, M.: **Mechanische Beanspruchung von Fließpreßmatrizen.**
         VDI-Bericht 266, S. 55 - 66. Düsseldorf: VDI-Verlag 1976.

/15/   VDI-Richtlinie 3186 Blatt 3: **Werkzeuge für das Kaltfließpressen von
         Stahl - Gestaltung, Herstellung, Instandhaltung. Berechnung von
         Preßbüchsen und Schrumpfverbänden.** Düsseldorf: VDI-Verlag 1970.

/16/   Sieber, K.: **Theoretische Grundlagen und praktische Erfahrungen zur
         Konstruktion von Kaltpreßwerkzeugen.** Draht 22 (1971) 8, S. 534 -
         541.

/17/   Sieber, K.: **Umformung und Werkzeug - Konstruktion, Standzeit und
         Wirtschaftlichkeit.** VDI-Berichte Bd. 39, S. 49 - 55. Düsseldorf:
         VDI-Verlag 1959.

/18/   Krämer, G.: **Beitrag zur beanspruchungsgerechten Auslegung von
         rotationssymmetrischen Fließpreßmatrizen.** Berichte aus dem Institut
         für Umformtechnik Nr. 49, Universität Stuttgart. Essen: Girardet
         1979.

/19/   Neitzert, T.: **Auslegung von rotationssymmetrischen Fließpreßwerk-
         zeugen im Bereich elastisch plastischen Werkstoffverhaltens.**
         Berichte aus dem Institut für Umformtechnik Nr. 62, Universität
         Stuttgart. Berlin/Heidelberg/New York: Springer 1982.

/20/   Geiger, R.: **Stand und Entwicklungstendenzen beim Kaltfließpressen
         von Stahl.** Werkstatt und Betrieb 118 (1985) 6, S. 321 - 327.

/21/ Nordberg, H.: **Fracture toughness of tool steels.** In: "Tools for Die Casting". Uddeholm/Swedish Inst. f. Metals Research. Stockholm: Dahlberg & Co. 1983.

/22/ Eriksson, K.: **Fracture toughness of Hard High-Speed Steels, Tool Steels and White Cast Irons.** Scand. J. Metallurgy (1973) 2, S. 197 - 203.

/23/ Schmidt, W.: **Bruchzähigkeit und Härte von Werkzeugstählen mit geringer Verformungsfähigkeit.** Werkstatt und Betrieb 119 (1986) 6, S. 499 - 505.

/24/ Johnson, A.R.: **Fracture Toughness of AISI M2 AND AISI M7 High Speed Steels.** Metallurgical Transactions A, Vol. 8A (1977) June, S. 891 - 897.

/25/ Becker, H.-J.; Kiel, F.: **Schadensfälle bei Werkzeugen, Ermittlung der Ursachen und Hinweise zu ihrer Vermeidung.** Thyssen Edelst. Techn. Ber. 9. Bd.(1983) Heft 2, S. 171 - 187.

/26/ Krainer, E. u.a.: **Charakteristische Werkzeugbrüche in der Schadens- analyse.** Berg- und Hüttenm. Monatshefte 127 (1982) 9, S. 343 - 350.

/27/ Wüthrich, C; Schröder, G.: **Anwendung von Methoden der Bruchmechanik zur Lebensdauerverbesserung von Umformwerkzeugen.** Z. Werkstofftech- nik 11(1980), S. 417 - 422.

/28/ Adler, G.; Walter, K.: **Berechnung von einfachen und mehrfachen Preßpassungen.** Teil I: Ind.-Anz. 89 (1967) 39, S. 805 - 809. Teil II: 89 (1967) 47, S. 967 - 971.

/29/ VDI-Richtlinie 3176, Entwurf März 1985: **Vorgespannte Preßwerkzeuge für das Kaltmassivumformen.** Düsseldorf: VDI-Verlag 1985.

/30/ Schröder, G.: **Methoden der Bruchmechanik zur Lebensdauervorhersage bei Umformwerkzeugen.** wt - Z. ind. Fertig. 74 (1984) 4, S. 207 - 210.

- 151 -

/31/   Schröder, G.: **Lebensdauer von Umformwerkzeugen - Neue Ansätze zur Abschätzung und Standzeitverbesserung.** In: "Neuere Entwicklungen in der Massivumformung" Forschungsgesellschaft Umformtechnik mbH, Stuttgart 1985.

/32/   Schröder, G.: **Anwendung von Methoden der Bruchmechanik zur Lebensdauervorhersage bei Umformwerkzeugen.** In: "Neuere Entwicklungen in der Massivumformung". Forschungsgesellschaft Umformtechnik mbH. Stuttgart 1983.

/33/   Schwalbe, K.-H.: **Bruchmechanik metallischer Werkstoffe.** München/ Wien: Hanser 1980.

/34/   Heckel, K.: **Einführung in die technische Anwendung der Bruchmechanik. 2. Auflage.** München/Wien: Hanser 1983.

/35/   DIN 50320: **Verschleiß-Begriffe. Systemanalyse von Verschleißvorgängen, Gliederung des Verschleißgebietes.** Berlin/Köln: Beuth-Verlag 1979.

/36/   Lange, K.: **Lehrbuch der Umformtechnik. Bd. 1: Grundlagen, Bd. 2: Massivumformung.** Berlin/Heidelberg/New York: Springer 1974.

/37/   Kloos, K.H.: **Der Reibungs- und Adhäsionsvorgang in der Kaltumformung.** Metalloberfläche 16 (1962) 4, S. 102 - 108.

/38/   Geiger, R.: **Untersuchung von Schmierstoffen zum Warmumformen von Stahl.** Ind.-Anz. 92 (1970) 30, S. 623 - 629.

/39/   Stetter, K.: **Neuartige, hochwirksame Schmierstoffe für die Kaltumformung von Metallen.** Blech Rohre Profile 32 (1985) 6, S. 295 - 296.

/40/   Berns, H. u.a.: **Gefüge und Verschleiß ledeburitischer Werkzeugstähle.** Thyssen Edelst. Techn. Ber. 11. Bd. (1985) Heft 2, S. 162 - 168.

/41/   Berns, H. u.a.: **Gefüge und abrasiver Verschleiß von Kaltarbeitsstählen mit 12% Cr.** Arch. Eisenhüttenwesen 55 (1984) 6, S. 267 - 270.

/42/ Berns, H.; Trojahn, W.: **Verschleißverhalten ledeburitischer** **C'romstähle mit Niob und Titan.** Z. Werkstofftechnik 14 (1983), S. 3ō2 - 389.

/43/ Hutterer, K. u.a.: **Einfluß der Wärmebehandlung auf die Zähigkeit und das Verschleißverhalten von ledeburitschen Chromstählen.** HTM 26 (1971) 1, S. 42 - 46.

/44/ Beʳker, H.-J., Bolte , W.: **Werkzeugstähle für das Kaltfließpressen.** Z. wirt. Fertig. 66 (1971) 12, S. 600 - 608.

/45/ Buᶜh, M.E.; Ward, R.: **Improved steels for cold forming tools.** Me allurgia and Metal Forming 43 (1976) 10, S. 346 - 352.

/46/ Vaᶜcari, J.A.: **Guide to selecting tool steels.** American Machinist (1ʷ82) 8, S. 139 - 154.

/47/ Sᶜ nidt, W.: **Probleme bei der Messung und Umwertung von Härtewerte .** Z. ind. Fertig. 66 (1971) 12, S. 600 - 608.

/48/ Schmidt, W.; Schaffrath, W.: **Die Austauschbarkeit von Härte- und Festigkeitswerten und ihre Beeinflussung durch Anlassen bei Vergütungs- und Kaltarbeitsstählen.** Materialprüfung 26 (1984) 3, S. 57 - 61.

/49/ Briefs, H. u.a.: **Prüfung der Zähigkeit von Stählen hoher Härte im statischen Biegeversuch.** Arch. Eisenhüttenwesen 33 (1962) 7, S. 461 - 83.

/50/ Randak, A.; Vetter, K.: **Überblick über die Verfahren zur Prüfung der Zähigkeit hochfester Stähle.** Arch. Eisenhüttenwesen 40 (1969) 4, S. 285 - 295.

/51/ Bungardt, K. u.a.: **Statistische Auswertung von Zähigkeitsuntersuchungen an gekerbten Schlagbiegeproben aus Stählen hoher Härte.** Stahl und Eisen 77 (1957) 26, S. 1878 - 1883.

/52/ Siegel, R.; Fritzsch, G.: **Das Zähigkeitsverhalten gehärteter Werkzeugstähle.** Neue Hütte 21 (1976) 2, S. 110 - 113.

/53/ Blumenauer, H. u.a.: **Untersuchungen zum Zusammenhang zwischen dem Gefüge und den mechanischen Eigenschaften des Stahles 210 Cr 46.** Neue Hütte 23 (1978) 8, S. 297 - 300.

/54/ Bungardt, K. u.a.: **Eignung des statischen Biegeversuchs zur Ermittlung der Zähigkeit sehr harter Stähle.** Stahl und Eisen 79 (1959) 18, S. 1258 - 1263.

/55/ Schmidt, W.; Huchtemann, B.: **Kennzeichnung der Festigkeit und Zähigkeit von Stählen mit einer Härte oberhalb 58 HRC.** Z. wirt. Fertig. 79 (1984) 10, S. 483 - 488.

/56/ Zwirlein, O. u.a.: **Prüfung gehärteter Stähle im Zugversuch.** HTM 31 (1976) 5, S. 277 - 286

/57/ Schmidt, W.: **Beurteilung der mechanischen Eigenschaften von Werkzeugstählen.** Thyssen Edelst. Techn. Ber. 11. Bd. (1985) Heft 2, S. 169 - 182.

/58/ Krämer, W.; Ranger, U.: **Ermittlung von Festigkeitswerten gehärteter Werkzeugstähle.** Ind.-Anz. 92 (1970) 38, S. 839 - 844.

/59/ Gümpel, P.; Weigand, H.H.: **Untersuchungen zum Einfluß der Wärmebehandlung auf einige Eigenschaften des Kaltarbeitsstahles X 155 CrVMo 12 1 (Thyrodur 2379).** Thyssen Edelst. Techn. Ber. 9. Bd. (1983) Heft 2, S. 140 - 147.

/60/ Bungardt, K. u.a.: **Mechanische Eigenschaften harter Stähle im Zug-, Biege- und Verdrehversuch und ihr Zusammenhang mit den Gefügeänderungen durch Anlassen.** Arch. Eisenhüttenwesen 34 (1963) 4, S. 247 - 258.

/61/ Schmidt, W.: **Beurteilung der mechanischen Eigenschaften von Werkzeugstählen.** Thyssen Edelst. Techn. Ber. 11. Bd. (1985) Heft 2, S. 169 - 182.

/62/ Eberlein, L: **Dynamische Kennwerte für Werkzeugstoffe der Kaltmassi··umformung.** Umformtechnik 12 (1978) 4, S. 4 - 9

/63/ Trojahn, W.: **Gefüge und Eigenschaften ledeburitischer Chromstähle mit Niob und Titan.** VDI-Fortschrittberichte, Reihe 5: Grund- und Werkstoffe Nr. 90. Düsseldorf: VDI-Verlag 1985.

/64/ Eberlein, L.: **Statische Kennwerte für Werkzeugstoffe der Kaltmassi··umformung.** Umformtechnik 12 (1978) 3, S. 20 - 26.

/65/ Fr tzsch, G.; Quaas, J.: **Erkenntnisse zu Werkzeugstoffen von Ka tumformwerkzeugen.** Umformtechnik 13 (1979) 4, S. 31 - 41.

/66/ Be.ker, H.-J.: **Stand und Entwicklungstendenzen auf dem Gebiet der Werkzeugstähle.** Stahl und Eisen 105 (1985) 5, S. 257 - 265.

/67/ VD -Richtlinie 3186: **Werkzeuge für das Kaltfließpressen von Stahl.** Di seldorf: VDI-Verlag 1971.

/68/ St .ska, E.; Kulmburg, A.: **Einfluß der Austenitisierungsbedingungen auf den Beginn der Martensitumwandlung und die Härte ledeburitischer Stähle mit 12% Cr.** Arch. Eisenhüttenwesen 26 (1971) 1, S. 42 - :6.

/69/ DI , 50145: **Prüfung metallischer Werkstoffe - Zugversuch.** Berlin/ Köln: Beuth-Verlag 1975.

/70/ DI 50115: **Prüfung metallischer Werkstoffe - Kerbschlagbiegeversu .h.** Berlin/Köln: Beuth-Verlag 1975.

/71/ DIN 50351: **Prüfung metallischer Werkstoffe - Härteprüfung nach Brinell.** Berlin/Köln: Beuth-Verlag 1973.

/72/ Schumann, H.: **Metallographie, 11. Auflage.** Leipzig: VEB Deutscher Verlag für Grundstoffindustrie 1983.

/73/ Bungardt, K. u.a.: **Untersuchungen über den Aufbau des Systems Eisen-Chrom-Kohlenstoff.** Arch. Eisenhüttenwesen 29 (1958) 3, S. 193 - 203.

/74/   Rapatz, F. : **Die Edelstähle.** Berlin/Göttingen/Heidelberg: Springer
        1962.

/75/   Houdremont, E.: **Handbuch der Sonderstahlkunde.** Berlin/Göttingen/
        Heidelberg: Springer 1956.

/76/   Jäniche, W. u.a.: **Werkstoffkunde Stahl Bd. 2.** Berlin/Heidelberg/New
        York/Tokyo: Springer 1985. Düsseldorf: Verlag Stahleisen 1985.

/77/   DIN 17022 Teil 2: **Wärmebehandlung von Eisenwerkstoffen - Verfahren.
        Härten und Anlassen von Werkzeugstoffen.** Berlin/Köln: Beuth-Verlag
        1986.

/78/   Klose, H.: **Wärmebehandlung von Werkzeugstählen.** Teil I: Draht 34
        (1983) 6, S. 325 - 327. Teil II: Draht 34 (1983) 7, S. 367 - 369.

/79/   DIN 17350 Beiblatt 1: **Werkzeugstähle - Technische Lieferbedingun-
        gen. Ergänzende Angaben zur Wärmebehandlung.** Berlin/Köln: Beuth-
        Verlag 1980.

/80/   **Kaltarbeitsstähle:** Druckschrift 1122/3 (1978). Thyssen Edelstahl-
        werke.

/81/   Heissenberger, E.: **Wärmebehandlungsmöglichkeiten und Gebrauchsei-
        genschaften des Kaltarbeitsstahles X 155 CrVMo 12 1 - W.Nr. 1.2379.**
        Österr. Ing. Zeit. 23 (1980) 2, S. 46 - 50.

/82/   Behr, K.-A.; Danz, B.: **Temperaturen in der Wirkfuge beim Kalt- und
        Warmfließpressen.** Umformtechnik 9 (1975) 4, S. 3 - 13.

/83/   Bettinger, R.: **Untersuchungen über den Einfluß der chemischen
        Zusammensetzung und Wärmebehandlung auf die Eigenschaften 12%-iger
        Cr-Stähle.** Technische Mitteilung Nr. 52 (1982). Stahlwerke Röchling
        - Burbach GmbH.

/84/   DIN 50103: **Prüfung metallischer Werkstoffe - Härteprüfung nach
        Rockwell.** Berlin/Köln: Beuth-Verlag 1972.

/85/ Schäfer, R.: **Zum Verformungsverhalten metallischer Werkstoffe bei überelastischer Biegebeanspruchung.** Dr.-Ing. Diss., Karlsruhe 1985.

/86/ Hoyle, G.; Ineson, E.: **A modified bend test for hardened tool steels.** Journal Iron Steel Inst. 191 (1959) 1, S. 44 - 55.

/87/ Nadai, A.: **Der bildsame Zustand der Werkstoffe.** Berlin: Springer 1927.

/88/ Krisch, A.: **Die Auswertung von Biegeversuchen an harten Stählen.** Arch. Eisenhüttenwesen 33 (1962) 7, S. 457 - 459.

/89/ DIN 50106: **Prüfung metallischer Werkstoffe - Druckversuch.** Berlin/ Köln: Beuth-Verlag 1960.

/90/ Hempel, M: **Beeinflussung der Dauerschwingfestigkeit metallischer Werkstoffe durch den Oberflächenzustand.** Fachber. Oberflächentechnik (1964) Jan./März, S. 11 - 22.

/91/ Maennig, W.-W.: **Untersuchungen zur Planung und Auswertung von Dauerschwingversuchen an Stahl in den Bereichen der Zeit- und Dauerfestigkeit.** Dr.-Ing. Diss., Berlin 1966.

/92/ Dengel, D.: **Schwingfestigkeitsprüfung heute.** In: "Werkstoffprüfung 1985". Deutscher Verband f. Materialprüfung. Bad Nauheim 1985.

/93/ DIN 50100: **Dauerschwingversuch.** Berlin/Köln: Beuth-Verlag 1960.

/94/ Dengel, D.: **Die arcsin $\sqrt{P}$-Transformation - ein einfaches Verfahren zur grafischen und rechnerischen Auswertung geplanter Wöhlerversuche.** Z. Werkstofftechnik 6 (1975) 8, S. 253 - 261.

/95/ ASTM-Standard E 399-83. **Standard test method for plane strain fracture toughness of metallic materials.** Philadelphia: American Society for Testing Materials 1983.

/96/ Keller, H.P.: **Bestimmung von Rißzähigkeitswerten mit Hilfe vereinfachter Meßverfahren.** TÜV-Forschungsbericht 128/80. Köln: Verlag TÜV Rheinland 1982.

/97/ Razim, C.: **Über den Stand, die künftigen Möglichkeiten und Grenzen der Übertragbarkeit des an Proben ermittelten Werkstoffverhaltens auf Bauteile.** VDI-Berichte 354. Düsseldorf: VDI-Verlag 1979.

/98/ Haibach, E.: **Übertragbarkeit experimentell ermittelter Betriebsfestigkeitswerte auf das Bauteilverhalten im Betrieb.** VDI-Berichte 354. Düsseldorf: VDI-Verlag 1979.

/99/ VDI-Richtlinie 3143, Blatt 1: **Stähle für das Kaltfließpressen. Auswahl, Wärmebehandlung.** Düsseldorf: VDI-Verlag 1975.

/100/ Kup, B.; Walter, E.: **Prozeßüberwachung und -steuerung beim Kaltmassivumformen.** Werkstatt und Betrieb 117 (1984) 10, S.601 - 607.

/101/ Brankamp, K.; Bongartz, B.: **Produktion unter Prozeßüberwachung schreitet voran.** Werkstatt und Betrieb 118 (1985) 6, S. 333 - 336.

/102/ **Das Krautkrämer Taschenbuch, 2. Auflage.** Köln: Krautkrämer GmbH

/103/ DIN 4768 Blatt 1: **Ermittlung der Rauheitsmeßgrößen R_a, R_{zDIN}, R_{max} mit elektrischen Tastschnittgeräten.** Berlin/Köln: Beuth-Verlag 1974.

/104/ Vöhringer, O.; Macherauch, E.: **Struktur und mechanische Eigenschaften von Martensit.** HTM 32 (1977) 4, S. 153 - 168.

/105/ Kulmburg, A.: **Verwendung von Stählen und deren Wärmebehandlung.** Präzision im Spiegel 6 (1984) 2, S. 50 - 61.

/106/ Glowacki, Z.: **Einfluß von Austenitisierungstemperatur und -dauer auf die Carbide des Chromstahles.** Hutnik 35 (1968), S. 465 - 471.

/107/ Berns, H.: **Restaustenit in ledeburitischen Chromstählen und seine Umwandlung durch Kaltumformen, Tiefkühlen und Anlassen.** HTM 29 (1974) 4, S. 236 - 247.

/108/ Macherauch, E.; Vöhringer, O.: **Verformungsverhalten gehärteter Stähle.** HTM 41 (1986) 2, S. 71 - 91.

/109/ Haberling, E.: **Härtbarkeit und mechanische Eigenschaften von einigen Kaltarbeitsstählen.** Thyssen Edelst. Tech. Ber. 3. Bd. (1977) Heft 2, S. 135 - 139.

/110/ Mülders, O.; Meyer-Rhotert, R.: **Statische Biegeeigenschaften von Kaltarbeitsstählen.** DEW-Technische Berichte 1 (1961) 3, S. 96 - 105.

/111/ Dengel, D.: **Planung und Auswertung von Dauerschwingversuchen bei angestrebter statistischer Absicherung der Kennwerte.** In: "Verhalten von Stahl unter schwingender Beanspruchung". Kontaktstudium: Werkstoffkunde Stahl und Eisen III. Hrsg. W. Dahl. Düsseldorf: Stahl und Eisen mbH 1978.

/112/ Broichhausen, J.: **Schadenskunde.** München/Wien: Hanser 1985.

/113/ Wittkamp, I.; Hornbogen, E.: **Martensitic Transformation at Crack Tips.** Practical Metallography 14 (1977), S. 237 - 250.

/114/ Hornbogen, E.: **Martensitic Transformation at a Propagating Crack.** Act. Met. Vol. 26 (1978), S. 147 - 152.

/115/ De Ploeg, D.M.: **Mit Pasten bearbeiten.** Moderne Fertigung 12 (1985) 7, S. 46 - 49.

/116/ Siebel, E.; Gaier, M.: **Untersuchungen über den Einfluß der Oberflächenbeschaffenheit auf die Dauerschwingfestigkeit metallischer Bauteile.** VDI-Z. 98 (1956) 30, S. 1715 - 1722.

/117/ Lou, B.; Averbach, B.L.: **Fracture Toughness and Fatigue Behaviour of Matrix II and M-2 High Speed Steels.** Metallurgical Transactions A, Vol. 14A (1983) Sept., S. 1889 - 1898.

/118/ Macherauch, E.; Vöhringer, O.: **Das Verhalten metallischer Werkstoffe unter mechanischer Beanspruchung.** Z. Werkstofftechnik 9 (1978), S. 370 - 391.

/119/   Mattheck, C.: **Effektive Methoden zur Beschreibung des lokalen Versagens von Strukturen.** VDI-Fortschrittberichte, Reihe 18: Mechanik/Bruchmechanik Nr. 25. Düsseldorf: VDI-Verlag 1985.

/120/   Zum Gahr, K.-H.: **Zusammenhang zwischen abrasivem Verschleiß und der Bruchzähigkeit von metallischen Werkstoffen.** Z. Metallkunde 69 (1978) 10, S. 643 - 650.

/121/   Benitz, K.; Richard, H.A.; **Eine Bruchmechanikprobe und Belastungsvorrichtung zur Bestimmung von Rißzähigkeiten bei überlagerter Normal- und Schubbeanspruchung.** Z. Werkstofftechnik 12 (1981), S. 297 - 300.

/122/   Saouma, V.E.: **Crack Propagation via Interactive Computer Graphics.** In: "International FEM-Congress". Baden-Baden 1984. IKOSS GmbH.

Berichte aus dem Institut für Umformtechnik der Universität Stuttgart

Herausgeber Professor Dr.-Ing. Kurt Lange

Die Berichte 1 bis 75 sind zu beziehen durch das Institut für Umformtechnik, Holzgartenstr. 17, 7000 Stuttgart 1

Die Berichte 75 und folgende sind zu beziehen durch den Springer-Verlag, Berlin Heidelberg New York Tokyo

Die Berichte 76 und folgende sind zu beziehen durch den Springer-Verlag, Berlin Heidelberg New York Tokyo